FACHWISSEN FEUERWEHR

Kemper

LÖSCHWASSER-FÖRDERUNG

2. Auflage 2021

ecomed
SICHERHEIT

Bibliografische Informationen der deutschen Nationalbibliothek

Die Deutsche Nationalbibliothek verzeichnet diese Publikation in der Deutschen Nationalbibliografie; detaillierte bibliografische Daten sind im Internet über <http://www.dnb.de> abrufbar.

Bei der Herstellung des Werkes haben wir uns zukunftsbewusst für umweltverträgliche und wiederverwertbare Materialien entschieden.
Der Inhalt ist auf chlorfrei gebleichtes Papier gedruckt.

Gendererklärung:
Aus Gründen der besseren Lesbarkeit wird in diesem Werk die Sprachform des generischen Maskulinums angewendet. Es wird darauf hingewiesen, dass die ausschließliche Verwendung der männlichen Form geschlechtsunabhängig zu sehen ist.

ISBN 978-3-609-68391-1

E-Mail: kundenservice@ecomed-storck.de

Telefon: 089/2183-7922
Telefax: 089/2183-7620

2. Auflage 2021

Titelbilder: Links oben: Albert Ziegler GmbH, Giengen; links unten: Michael Ehresmann, Feuerwehrforum Wiesbaden112.de; rechts oben: Sebastian Stenzel, Feuerwehrforum Wiesbaden112.de; rechts unten: Dennis Altenhofen, Feuerwehrforum Wiesbaden112.de

Druck: Westermann Druck, Zwickau

Vorwort

Die Anforderungen an die Angehörigen der Feuerwehren haben sich im Laufe der letzten Jahre erheblich verändert. Genügten in der Vergangenheit oftmals die Kenntnisse der normalen Brandbekämpfung, müssen heute selbst kleinere Feuerwehren die unterschiedlichsten Notlagen meistern können, um in Not geratene Menschen oder Tiere zu retten, Sachwerte zu erhalten und die Umwelt vor schädlichen Einwirkungen zu schützen.

Daher ist es erforderlich, dass alle Feuerwehrangehörigen umfassend ausgebildet werden. Dabei ergibt sich jedoch das Problem, dass diese Ausbildung von den meist ehrenamtlich tätigen Feuerwehrangehörigen zusätzlich zu den ebenfalls weiter steigenden Anforderungen in deren Berufsleben und den vielfältigen Verpflichtungen im privaten oder familiären Umfeld geleistet werden muss. Letztlich liegt es an den Feuerwehrangehörigen selbst, ob und in welchem Umfang sie bereit sind, sich durch eine regelmäßige und aktive Teilnahme an der angebotenen Aus- und Weiterbildung den gesteigerten Anforderungen an die Feuerwehren zu stellen.

Das Ziel der Broschürenreihe „Fachwissen Feuerwehr“ besteht darin, die Feuerwehrangehörigen mit dem Wissen auszustatten, das in der heutigen Zeit erforderlich ist, aufgabengerecht und wirkungsvoll in der Feuerwehr tätig zu werden. Diese Broschürenreihe richtet sich vor allem an die Feuerwehrangehörigen, die erstmals in das jeweilige Thema „einsteigen“, aber auch an diejenigen, die sich ein solides Basiswissen aneignen möchten. Die Inhalte der Broschürenreihe entsprechen weitgehend den Inhalten und Vorgaben der Feuerwehr-Dienstvorschrift FwDV 2 „Ausbildung der Freiwilligen Feuerwehren“ und den daraus abgeleiteten Lernzielkatalogen. Deshalb kann diese Broschürenreihe auch gut zur Vorbereitung und Begleitung der unterschiedlichen Aus- und Weiterbildungsmaßnahmen genutzt werden.

Die jeweiligen Texte und Abbildungen sind in leicht verständlicher Weise dargestellt. Hinweise und Merksätze filtern die für die Praxis wichtigen Informationen heraus.

Auf die Verwendung spezieller Formeln und wenig gebräuchlicher Begriffe wird weitgehend verzichtet. Die Angaben technischer Daten erfolgt ohne Gewähr. Weiterhin gelten alle Funktionsbezeichnungen und personenbezogenen Begriffe sowohl für weibliche als auch für männliche Feuerwehrangehörige.

Diese Broschüre „Löschwasserförderung“ befasst sich neben der Bereitstellung von Löschwasser und der zu verwendenden Technik für die Löschwasserförderung vor allem mit der Vorgehensweise bei der Entnahme und der Weiterleitung von Löschwasser – von einer Entnahmestelle bis zu einer Einsatzstelle. Dazu werden Grundlageninformationen zur Löschwasserförderung bei begrenzten Brandereignissen bis zu Großbränden mit erheblichem Löschwasserbedarf behandelt, wobei in diesem Zusammenhang auf die Vermittlung grundlegender technisch-physikalischer Vorgänge nicht verzichtet werden kann.

Hinweis: Neben der Löschwasserförderung im Rahmen von Einsatzmaßnahmen zur Brandbekämpfung können die Feuerwehren auch zur Wasserförderung im Rahmen von Einsatzmaßnahmen im Zusammenhang mit Hochwasser oder Überflutungen nach Unwetterlagen eingesetzt werden. Die Vorgehensweisen unterscheiden sich dabei nicht grundsätzlich.

Geseke, August 2021 Hans Kemper

Inhalt

1 Einleitung

Trotz moderner Löschtechniken und Löschmittel ist und bleibt Wasser auch in der heutigen Zeit ein entscheidendes Löschmittel für die Bekämpfung von Bränden der Brandklasse A, das heißt, von Bränden fester Stoffe hauptsächlich organischer Natur, die normalerweise unter Glutbildung verbrennen. Bei der Bekämpfung von Entstehungsbränden und auch bei Großbränden ist Wasser als Löschmittel gleichermaßen geeignet. Voraussetzung ist in beiden Fällen eine ausreichende Löschwasserversorgung über die Rohrnetze der öffentlichen Trinkwasserversorgung oder aus davon unabhängigen Wasservorräten, verbunden mit einer entsprechenden Löschwasserförderung von einer Löschwasserentnahme bis zu einer Einsatzstelle.

Der Begriff der Löschwasserförderung umfasst alle Maßnahmen, Mittel und Methoden, die der Entnahme von Löschwasser aus einer Löschwasserentnahmestelle, der Fortleitung des Löschwassers über Schlauchleitungen und die Abgabe des Löschwassers an einer Einsatzstelle dienen.

Abbildung 1: Bereitstellung von Löschwasser für die Brandbekämpfung (Quelle: Robin von Gilgenheimb, Feuerwehrforum Wiesbaden112.de)

Das von den Feuerwehren benötigte Löschwasser wird üblicherweise auf Löschfahrzeugen mitgeführt beziehungsweise im Pendelverkehr zur Einsatzstelle transportiert oder aus Löschwasserentnahmestellen entnommen und durch Schlauchleitungen – auch über größere Entfernungen – zur Einsatzstelle gefördert. Obwohl fast alle Löschfahrzeuge mit einem mehr oder weniger großen festeingebauten Löschwasserbehälter ausgestattet sind und die mitgeführten Löschwassermengen für eine Vielzahl von Einsatzmaßnahmen auch völlig ausreichen, ist insbesondere bei umfangreichen Brandbekämpfungsmaßnahmen die Löschwasserförderung über Schlauchleitungen von besonderer Bedeutung.

Im Bereich der Löschwasserversorgung muss davon ausgegangen werden, dass sich in Zukunft die Bereitstellung von Löschwasser durch die öffentliche Trinkwasserversorgung durchaus auch verschlechtern kann, da zum Beispiel Teile von Rohrnetzen der Trinkwasserversorgung veraltet und wenig leistungsfähig sind oder die Durchmesser der Rohrleitungen neuer Rohrnetze – vor allem in Wohngebieten – vermehrt nach dem tatsächlichen Trinkwasserbedarf bemessen werden. Die Verringerung der Durchmesser der Rohrleitungen begrenzt nicht nur die Baukosten der Rohrnetze, sondern verringert auch deren Verkeimung. Dies bedeutet jedoch, dass sich die Feuerwehren nicht immer darauf verlassen können, jederzeit ausreichend leistungsfähige Hydranten in unmittelbarer Nähe einer Einsatzstelle vorzufinden. In solchen Situationen wird es erforderlich sein, Löschwasser auch über größere Entfernungen zu einer Einsatzstelle zu fördern.

2 Aufgabe der Löschwasserförderung

Die Löschwasserförderung ist der Transport des Löschwassers von einer Löschwasserentnahmestelle bis zu einer Abgabestelle. Dabei ist es die Aufgabe der Löschwasserförderung, für einen bestimmten Zeitraum Löschwasser in einer ausreichenden Menge und mit einem ausreichenden Druck bereitzustellen, um so eine wirksame Brandbekämpfung zu ermöglichen.

2.1 Ausreichende Löschwassermenge

Die ausreichende Löschwassermenge kann durch eine einfache Berechnung ermittelt werden. Dazu werden zunächst die Anzahl, die Art und die Größe der Strahlrohre festgelegt, die für die jeweilige Brandbekämpfung eingesetzt werden sollen. Eine ausreichende Löschwassermenge ergibt sich dann aus der Summe der Volumenströme der einzelnen Strahlrohre.

Schon ein Standardeinsatz, zum Beispiel ein Einsatz zur Brandbekämpfung im Innenangriff, erfordert die Vornahme von mindestens zwei C-Rohren. Werden dazu Hohlstrahlrohre verwendet, ergibt sich ein Volumenstrom von bis zu 470 Liter pro Minute. Soll im Rahmen der Brandbekämpfung ein weiteres Strahlrohr vorgenommen werden, zum Beispiel ein BM-Strahlrohr ohne Mundstück, ergibt sich ein Volumenstrom von insgesamt 1270 Liter pro Minute und somit die ausreichende Löschwassermenge.

Die in der folgenden Tabelle aufgelisteten Werte für die Volumenströme der unterschiedlichen Strahlrohre stellen die Mindestanforderungen an diese Strahlrohre dar. Die tatsächlichen Werte handelsüblicher Strahlrohre liegen oftmals über diesen Mindestanforderungen. So werden zum Beispiel Hohlstrahlrohre mit Festkupplung C mit Volumenströmen bis zu 400 Liter pro Minute oder Hohlstrahlrohre mit Festkupplung B mit Volumenströmen bis zu 950 Liter pro Minute angeboten und bei den Feuerwehren auch verwendet. Diese höheren Volumenströme sind bei den Berechnungen im Zusammenhang mit der Löschwasserförderung jeweils zu berücksichtigen.

Tabelle 1: Beispiele für die Volumenströme genormter Strahlrohre

Ausführung	Volumenstrom
Hohlstrahlrohre gemäß DIN EN 15182-2	
Hohlstrahlrohr mit Festkupplung D	bis 100 L/min
Hohlstrahlrohr mit Festkupplung C	größer 100 L/min bis 235 L/min
Hohlstrahlrohr mit Festkupplung B	größer 235 L/min bis 400 L/min
Hohlstrahlrohr mit Festkupplung B	größer 400 L/min
Strahlrohre mit Vollstrahl und/oder unveränderlichem Sprühstrahlwinkel gemäß DIN EN 15182-3	
Strahlrohr mit Festkupplung D	bis 100 L/min
Strahlrohr mit Festkupplung C	größer 100 L/min bis 235 L/min
Strahlrohr mit Festkupplung B	größer 235 L/min bis 400 L/min
Strahlrohr mit Festkupplung B	größer 400 L/min
Mehrzweckstrahlrohre gemäß DIN 14365 [1) 2)]	
DM-Strahlrohr mit Mundstück	25 L/min
DM-Strahlrohr ohne Mundstück	50 L/min
CM-Strahlrohr mit Mundstück	100 L/min
CM-Strahlrohr ohne Mundstück	200 L/min
BM-Strahlrohr mit Mundstück	400 L/min
BM-Strahlrohr ohne Mundstück	800 L/min
Kombinations-Schaumstrahlrohre gemäß DIN EN 16712-3	
Schaumstrahlrohr S 2/M 2	200 L/min
Schaumstrahlrohr S 4/M 4	400 L/min
Tragbare Werfer gemäß DIN EN 15767	
mit Wasserdüse	kleiner 2000 L/min bis 8000 L/min

1) Die DIN 14365 wurde zurückgezogen und durch die DIN EN 15182-3 ersetzt.
2) Für die praktische Verwendung gerundete Werte der Volumenströme.

2.2 Ausreichender Druck

Die Aufgabe der Löschwasserförderung ist es weiterhin, für die eingesetzten Strahlrohre einen ausreichenden Druck zu erzeugen, mit dem das Löschwasser an der Brandstelle bestimmungsgemäß verwendet werden kann. Der Druck an den Strahlrohren muss groß genug sein um einen löschwirksamen Wasserstrahl mit einer entsprechenden Wurfweite und dem erforderlichen Eindringvermögen zu erzeugen. Der Druck darf aber nicht zu groß sein, damit die Einsatzkräfte die Strahlrohre und Schlauchleitungen noch sicher und ungefährdet handhaben können.

Für den wirksamen Einsatz genormter Strahlrohre ist in den jeweiligen Normen ein Referenzdruck festgelegt, bei dem die Strahlrohre bestimmte Leistungswerte hinsichtlich des Volumenstroms, der Reichweite und dem Strahl-Sprühwinkel erreichen müssen. Dieser Referenzdruck wird im Rahmen der Löschwasserförderung als Wert für den ausreichenden Strahlrohrdruck verwendet.

Tabelle 2: Ausreichender Strahlrohrdruck

Ausführung	Norm	Strahlrohrdruck
Hohlstrahlrohre	DIN EN 15182-2	6 bar
Strahlrohre mit Vollstrahl und/oder unveränderlichem Sprühstrahlwinkel	DIN EN 15182-3	6 bar
Mehrzweckstrahlrohre	DIN 14365 1)	5 bar
Schaumstrahlrohre	DIN EN 16712-3	5 bar
Tragbare Werfer – Wasserdüsen	DIN EN 15767-2	6 bar

1) Die DIN 14365 wurde zurückgezogen und durch die DIN EN 15182-3 ersetzt.

3 Löschwasserversorgung

Die Löschwasserversorgung ist die Gesamtheit aller Maßnahmen, Mittel und Methoden, die der Gewinnung, der Bereitstellung und der Verteilung von Wasser zum Löschen von Bränden dienen. Entsprechend der Verfügbarkeit der Wasservorräte wird die Löschwasserversorgung in die Bereiche der zentralen und der unabhängigen Löschwasserversorgung unterteilt.

Löschwasserversorgung

↓ ↓

Zentrale Löschwasserversorgung	Unabhängige Löschwasserversorgung

3.1 Zentrale Löschwasserversorgung

Bei der zentralen Löschwasserversorgung erfolgt die Löschwasserentnahme durch die Feuerwehr über Anschlusseinrichtungen der Rohrnetze der öffentlichen Trinkwasserversorgung. Der Wasserdruck in diesen Rohrnetzen beträgt üblicherweise 1,5 bis 4,5 Bar.

3.1.1 Wasserentnahme aus den Rohrnetzen

Durch die Wasserversorgungsunternehmen werden in angemessenen Abständen (etwa 100 bis 140 Meter) Hydranten als Anschlusseinrichtungen in die Rohrnetze der Trinkwasserversorgung eingebaut. Über diese Hydranten können die Wasserversorgungsunternehmen ihre erforderlichen Betriebsmaßnahmen durchführen (Entlüften, Spülen, ...) und bestimmte Verbrauchergruppen, zum Beispiel Straßenbaufirmen, Stadtreinigung oder Schausteller, Wasser entnehmen. Weiterhin ist die Feuerwehr berechtigt, im Einsatzfall Wasser für die Brandbekämpfung über Unterflurhydranten beziehungsweise Überflurhydranten zu entnehmen.

3.1.2 Unterflurhydranten

Unterflurhydranten sind Anschlusseinrichtungen zur Wasserentnahme aus den Rohrnetzen der öffentlichen Trinkwasserversorgung, die nicht über die Geländeoberfläche hinausragen und aus denen mit einem Standrohr Wasser entnommen werden kann. Zum Schutz der Bedienungseinrichtungen werden sie im unbenutzten Zustand durch eine mit der Geländeoberfläche bündige Straßenkappe verschlossen. Sie können nur zusammen mit einem Standrohr und einem Hydrantenschlüssel in Betrieb genommen werden.

Wird die Straßenkappe mit einem Unterflurhydrantenschlüssel (Schlüssel C) geöffnet, sind zunächst nur die Klauen zum Befestigen des Standrohres und der Vierkant zum Öffnen des Hydranten sichtbar. Wenn das Ventil des Unterflurhydranten mit dem Unterflurhydrantenschlüssel geöffnet wird, strömt Wasser in das zuvor aufgesetzte und befestigte Standrohr. Über die Absperrventile des Standrohres kann dann der Wasserfluss zu den jeweils angeschlossenen B-Druckschläuchen freigegeben werden.

Unterflurhydranten müssen durch ein Hinweisschild deutlich und möglichst weithin sichtbar gekennzeichnet werden. Der Buchstabe H steht für Hydrant, die daneben angegebene Zahl für die Nennweite der Versorgungsleitung in Millimeter. Der Abstand und die Richtung des Unterflurhydranten vom Hinweisschild werden in Meter angegeben.

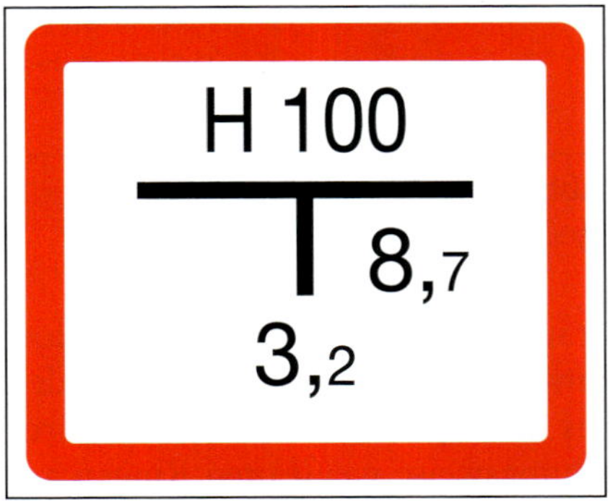

Abbildung 2:
Hinweisschild für einen Unterflurhydranten

3.1.3 Überflurhydranten

Überflurhydranten sind Anschlusseinrichtungen zur Wasserentnahme aus den Rohrnetzen der öffentlichen Trinkwasserversorgung, die mit ihrer Säule etwa einen Meter über die Geländeoberfläche hinausragen und aus denen ohne Zuhilfenahme einer weiteren Armatur unmittelbar Wasser entnommen werden kann. Sie werden in Überflurhydranten mit freiliegenden oberen Abgängen und Überflurhydranten mit Fallmantel und verdeckten oberen Abgängen unterschieden. Für die Inbetriebnahme der Überflurhydranten ist unabhängig von der jeweiligen Ausführung nur ein Überflurhydrantenschlüssel (Schlüssel A oder B) erforderlich.

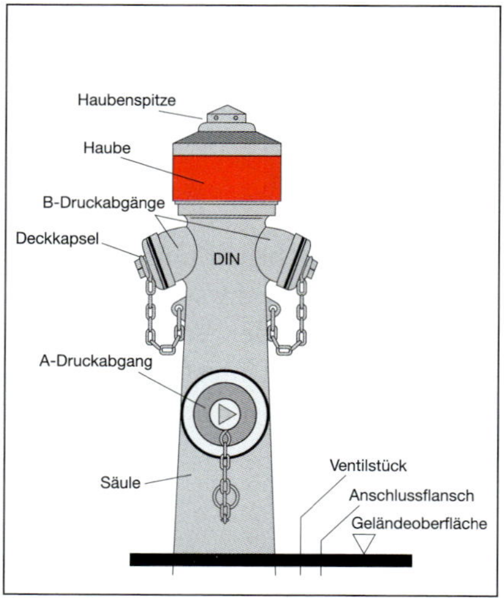

Abbildung 3: Überflurhydrant mit freiliegenden oberen Abgängen

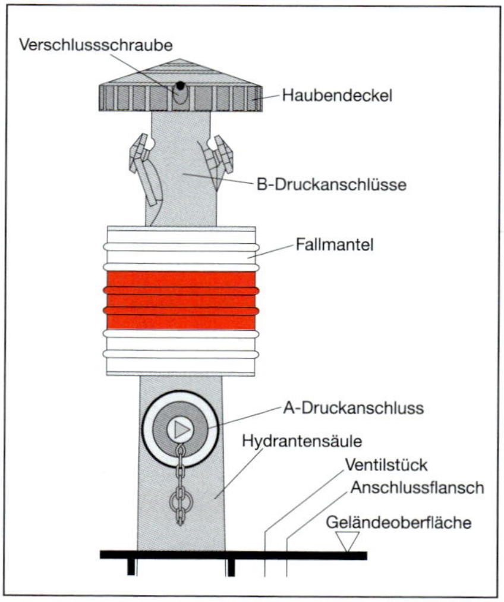

Abbildung 4: Überflurhydrant mit (geöffnetem) Fallmantel

Für die Kennzeichnung von Überflurhydranten ist kein Hinweisschild erforderlich. Um die Sichtbarkeit der Überflurhydranten zu verbessern, werden sie, entgegen den Vorgaben der Norm, das heißt, grau mit umlaufendem rotem Ring auf der Hydrantenhaube beziehungsweise weiß/roten Ringen auf dem Fallmantel, oftmals vollständig in der Farbe Rot gestrichen.

3.2 Unabhängige Löschwasserversorgung

Bei der unabhängigen Löschwasserversorgung wird Löschwasser aus großen Wasservorräten entnommen, die unabhängig von der zentralen Löschwasserversorgung sind, zum Beispiel aus Flüssen, Seen oder Löschwasserteichen. Die unabhängige Löschwasserversorgung ist von besonderer Bedeutung, wenn die Rohrnetze der öffentlichen Trinkwasserversorgung in bestimmten Bereichen nicht ausreichend leistungsfähig beziehungsweise für die jeweilige Brandgefährdung eines bestimmten Objektes nicht ausreichend bemessen sind oder wenn aufgrund der besonderen Einsatzsituation ein sehr großer Löschwasserbedarf besteht.

Für die Durchführung einer umfangreichen Brandbekämpfung ist es wichtig zu wissen, wie lange eine ausreichende Löschwassermenge zur Verfügung steht. Es stellt sich dabei die Frage, ob das Löschwasser unbegrenzt verfügbar ist oder ob damit gerechnet werden muss, dass in absehbarer Zeit kein Löschwasser mehr zur Verfügung steht. Die Wasservorräte der unabhängigen Löschwasserversorgung werden deshalb hinsichtlich ihrer Ergiebigkeit noch in „erschöpflich“ und „unerschöpflich“ unterteilt.

3.2.1 Erschöpfliche Wasservorräte

Erschöpfliche Wasservorräte haben eine begrenzte Wassermenge, sodass der Wasservorrat für eine umfassende Brandbekämpfung über mehrere Stunden nicht ausreicht. Als erschöpflich gelten Löschwasserteiche, unterirdische Löschwasserbehälter und sonstige Wasserbehälter. Sie werden durch Niederschläge, über die Rohrnetze der öffentlichen Trinkwasserversorgung oder aus offenen Gewässern gefüllt und teilweise auch nachgefüllt.

■ Löschwasserteiche

Löschwasserteiche sind künstlich angelegte offene Löschwasser-Vorratsräume mit mindestens einer Löschwasserentnahmestelle. Die Form der genormten Löschwasserteiche ist beliebig wählbar und kann den jeweiligen örtlichen Verhältnissen angepasst werden.

Zur Entnahme von Löschwasser aus Löschwasserteichen müssen als Löschwasserentnahmestelle entweder ein begehbarer Saugschacht oder mindestens ein festverlegtes Saugrohr, (je angefangene 200 Kubikmeter nutzbaren Inhalts) mit einem genormten Löschwasser-Sauganschluss vorhanden sein. Als befestigte Zufahrt zu der Löschwasserentnahmestelle ist von der öffentlichen Verkehrsfläche aus eine Feuerwehrzufahrt einzurichten.

Abbildung 5: Hinweisschilder für die Kennzeichnung der Löschwasserentnahmestellen von Löschwasserteichen

Löschwasserteiche müssen durch ein Hinweisschild deutlich und möglichst weithin sichtbar gekennzeichnet werden, das den nutzbaren Wasserinhalt des Löschwasserteiches sowie den Abstand und die Richtung der Löschwasserentnahmestelle vom Hinweisschild in Meter angibt, sowie mit einem zusätzlichen Hinweisschild mit dem Text „Saugstelle".

■ Unterirdische Löschwasserbehälter

Unterirdische Löschwasserbehälter sind künstlich angelegte und überdeckte Löschwasser-Vorratsräume mit Löschwasserentnahmestellen. Durch die unterirdische Anordnung der Behälter kann auch die Fläche über den Behältern weitgehend ungehindert genutzt werden, zum Beispiel als Parkraum oder auch als Verkehrsfläche.

Die Form der genormten unterirdischen Löschwasserbehälter ist beliebig wählbar und kann den jeweiligen örtlichen Verhältnissen angepasst werden. Sie können aus einzelnen oder mehreren miteinander verbundenen Behältern bestehen. Kleine Löschwasserbehälter müssen ein nutzbares Fassungsvermögen von 75 bis 150 Kubikmeter, mittlere von mehr als 150 bis 300 Kubikmeter und große von mehr als 300 Kubikmeter haben. Zur Entnahme von Löschwasser müssen ein Saugschacht und ein bis drei festverlegte Saugrohre mit genormtem Löschwasser-Sauganschluss vorhanden sein. Als befestigte Zufahrt zu den Löschwasserentnahmestellen ist von der öffentlichen Verkehrsfläche aus eine Feuerwehrzufahrt einzurichten.

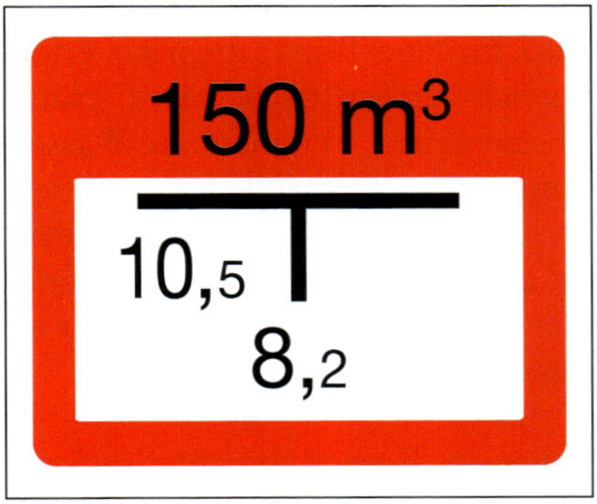

Abbildung 6: Hinweisschild für die Kennzeichnung der Löschwasserentnahmestellen von unterirdischen Löschwasserbehältern

Unterirdische Löschwasserbehälter müssen durch ein Hinweisschild deutlich und möglichst weithin sichtbar gekennzeichnet werden, das den nutzbaren Wasserinhalt des Löschwasserbehälters sowie den Abstand und die Richtung der Löschwasserentnahmestelle vom Hinweisschild in Meter angibt.

3.2.2 Unerschöpfliche Wasservorräte

Unerschöpfliche Wasservorräte haben eine ausreichende Wassermenge, sodass der Wasservorrat eine umfassende Brandbekämpfung über einen Zeitraum von mindestens drei Stunden ermöglicht. Als unerschöpfliche Wasservorräte gelten natürliche beziehungsweise künstliche offene Gewässer und Löschwasserbrunnen.

■ Offene Gewässer

Voraussetzung für die Entnahme von Löschwasser aus natürlichen offenen Gewässern (Bäche, Flüsse, Teiche, Seen) oder künstlichen offenen Gewässern (Kanäle, Hafenanlagen, Stauseen, Talsperren) ist eine entsprechende Ergiebigkeit, die uneingeschränkt ganzjährig und witterungsunabhängig zur Verfügung stehen muss, und die Möglichkeit, das Wasser auch unter Einsatzbedingungen schnell und sicher mit Pumpen und Saugschläuchen der Feuerwehr entnehmen zu können.

Für die Wasserentnahme ist eine geeignete Zufahrt, zum Beispiel eine Feuerwehrzufahrt, mit einer befestigten Stellfläche für ein Löschfahrzeug oder mindestens ein Zugang mit einem Stellplatz für eine Tragkraftspritze erforderlich. Die geodätische Saughöhe im Bereich der Stellflächen und -plätze sollte eine Höhe von 5,00 Meter nicht überschreiten. Die nutzbare Wassertiefe sollte etwa 50 Zentimeter betragen, um eine ausreichende Eintauchtiefe für eine Saugleitung zu erreichen. Ist dies aufgrund der örtlichen Gegebenheiten nicht ohne weiteres möglich, kann auch ein festverlegtes ober- oder unterirdisches Saugrohr bis zum Gewässer angebracht werden, das mit einem genormten Löschwasser-Sauganschluss auszustatten ist.

Die festgelegten Löschwasserentnahmestellen im Bereich offener Gewässer müssen durch ein Hinweisschild deutlich und möglichst weithin sichtbar gekennzeichnet werden, das allein beziehungsweise zusammen mit einem zusätzlichen Hinweisschild „Richtungspfeil“ umgesetzt werden kann. Über beziehungsweise unter dem Richtungspfeil können der Ort und die Entfernung der Löschwasserstelle angegeben werden.

Abbildung 7: Hinweisschilder für die Kennzeichnung der Löschwasserentnahmestellen an offenen Gewässern und zum Ort dieser Entnahmestellen

■ Löschwasserbrunnen

Löschwasserbrunnen sind künstlich angelegte Entnahmestellen für Löschwasser aus dem Grundwasser. Das Löschwasser kann durch Saugbetrieb (S) oder über Tauchpumpen (T) entnommen werden. Die mögliche Wasserentnahme muss je nach Ausführung der Brunnen über einen Zeitraum von drei Stunden zwischen 400 und 1600 Liter pro Minute (oder größer) betragen.

Löschwasserbrunnen für den Saugbetrieb werden mit einem genormten Löschwasser-Sauganschluss abgeschlossen. Die Löschwasserentnahme erfolgt direkt über Saugschläuche und Feuerlöschkreiselpumpen. Löschwasserbrunnen für den Betrieb über Tauchpumpen bestehen aus einem Brunnenrohr mit einer stationär eingebauten Elektro- oder Turbinen-Tauchpumpe. Das zu fördernde Wasser wird über den Löschwasser-Sauganschluss und die angeschlossenen Saugschläuche den Feuerlöschkreiselpumpen mit leichtem Überdruck zugeführt. Für den Betrieb mit einer Turbinen-Tauchpumpe wird ein Löschfahrzeug mit Löschwasserbehälter zum Antrieb der Turbinen-Tauchpumpe benötigt. Das so geförderte Wasser wird über einen B-Anschluss und über B-Druckschläuche der Feuerlöschkreiselpumpe eines weiteren Löschfahrzeuges zugeführt.

Abbildung 8: Hinweisschild für die Kennzeichnung der Löschwasserentnahmestellen von Löschwasserbrunnen für den Saugbetrieb

Abbildung 9: Hinweisschild für die Kennzeichnung der Löschwasserentnahmestellen von Löschwasserbrunnen für den Saugbetrieb

Als befestigte Zufahrt zu den Löschwasserentnahmestellen ist von der öffentlichen Verkehrsfläche aus eine Feuerwehrzufahrt einzurichten. Durch ein Hinweisschild, das den Abstand und die Richtung der Entnahmestelle vom Hinweisschild in Meter angibt, müssen Löschwasserbrunnen deutlich und möglichst weithin sichtbar gekennzeichnet werden.

3.2.3 Löschwasser-Sauganschluss

Löschwasser-Sauganschlüsse sind fest angebaute Einrichtungen zur Löschwasserentnahme. Sie können eingangsseitig mit dem Saugrohr eines Löschwasserteiches, den Saugrohren von unterirdischen Löschwasserbehältern, mit einem Löschwasserbrunnen für Saugbetrieb oder einem gegebenenfalls fest verlegten Saugrohr an einem offenen Gewässer verbunden sein. An die im nicht benutzten Zustand mit einer A-Deckkapsel verschlossene Ausgangsseite wird bei der Löschwasserentnahme die A-Saugleitung angeschlossen. Hinsichtlich des Einbaus der Löschwasser-Sauganschlüsse wird zwischen den Ausführungen „Überflur“ und „Unterflur“ unterschieden.

Abbildung 10: Löschwasser-Sauganschluss an einem unterirdischen Löschwasserbehälter, Überflur-Ausführung (Quelle: Hans Kemper, Geseke)

Die Überflur-Ausführung ragt um etwa 30 Zentimeter (Mitte Festkupplung) über die Geländeoberfläche hinaus. Die Unterflur-Ausführung wird in einen Einbauschacht eingebaut, der bündig mit der Geländeoberfläche mit einer abnehmbaren Schachtabdeckung verschlossen wird.

3.3 Selbstkontrolle und Testfragen

(Lösungen siehe Seite 104)

1. Welche Aussagen über die Rohrnetze der öffentlichen Trinkwasserversorgung sind zutreffend?

a) Durch die Rohrnetze fließt entweder Trinkwasser oder Löschwasser.
b) Der Wasserdruck in den Rohrnetzen beträgt etwa 1,5 bis 4,5 Bar.
c) Die Wasserentnahme aus den Rohrnetzen erfolgt auch über Verteiler.
d) Die Wasserentnahme aus den Rohrnetzen erfolgt nur über Hydranten.

2. Welche Arten von Hydranten werden unterschieden?

a) Unterflurhydranten
b) Oberflurhydranten
c) Überflurhydranten
d) Standrohrhydranten

3. Wie werden die Wasservorräte der unabhängigen Löschwasserversorgung hinsichtlich ihrer Ergiebigkeit unterteilt?

a) Erschöpflich
b) Ergiebig
c) Unerschöpflich
d) Unergiebig

4. Welche Anforderungen werden an Löschwasserbrunnen gestellt?

a) Die Wasserentnahme muss über einen Zeitraum von mindestens drei Stunden möglich sein.
b) Die Löschwasserentnahme erfolgt bei bestimmten Löschwasserbrunnen im Saugbetrieb.
c) Die Löschwasserentnahme erfolgt bei bestimmten Löschwasserbrunnen mit Unterstützung durch eingebaute Tauchpumpen.
d) Die Löschwasserbrunnen sind mit einem weiß/roten Farbanstrich gut sichtbar zu kennzeichnen.

4 Technik für die Löschwasserförderung

Das für die Brandbekämpfung an einer Einsatzstelle benötigte Löschwasser wird von den Feuerwehren entweder auf Löschfahrzeugen mitgeführt oder mit Pumpen über Schlauchleitungen von einer Löschwasserentnahmestelle bis zur Einsatzstelle gefördert. Hierbei werden von den Feuerwehren Löschfahrzeuge, Gerätewagen Logistik und Schlauchwagen sowie Feuerlöschkreiselpumpen, Schläuche, Armaturen und weitere feuerwehrtechnische Ausrüstungen und Geräte verwendet.

4.1 Löschfahrzeuge

Löschfahrzeuge sind Feuerwehrfahrzeuge, die mit einer Feuerlöschkreiselpumpe, meistens mit einem Löschwasserbehälter und mit einer feuerwehrtechnischen Beladung ausgerüstet sind. Sie werden zur Brandbekämpfung, zur Löschwasserförderung sowie zur Durchführung technischer Hilfeleistungen kleineren Umfangs eingesetzt. Neben den aktuell genormten Löschfahrzeugen werden von den Feuerwehren auch nicht mehr genormte Löschfahrzeuge, Sonderlöschfahrzeuge sowie Löschfahrzeuge entsprechend spezieller Länderrichtlinien vorgehalten und verwendet.

4.1.1 Kleinlöschfahrzeuge

Kleinlöschfahrzeuge KLF werden aufgrund ihrer Ausstattung und der mitgeführten Löschwassermenge von mindestens 500 Liter überwiegend zur Brandbekämpfung verwendet, vor allem zur Einleitung von ersten Brandbekämpfungsmaßnahmen beziehungsweise zur Bekämpfung von Kleinbränden. Im Fahrzeugheck der Kleinlöschfahrzeuge ist eine Tragkraftspritze PFPN 10-1000 eingeschoben, die über eine Umschalteinrichtung für Saugbetrieb/Tankbetrieb mit dem Löschwasserbehälter verbunden ist. Diese Tragkraftspritze kann auch aus dem Kleinlöschfahrzeug entnommen und abgesetzt vom Fahrzeug betrieben werden. Die Besatzung der Kleinlöschfahrzeuge besteht aus einer Staffel (1/5).

Abbildung 11:
Kleinlöschfahrzeug KLF
(Quelle: Uwe Bunzel, Frankfurt am Main)

4.1.2 Tragkraftspritzenfahrzeuge

Tragkraftspritzenfahrzeuge sind mit einer Tragkraftspritze, ohne beziehungsweise mit einem Löschwasserbehälter und mit einer feuerwehrtechnischen Beladung ausgerüstet. Die Besatzung besteht aus einer Staffel (1/5).

Tragkraftspritzenfahrzeuge TSF werden aufgrund ihrer Ausstattung und der mitgeführten Beladung überwiegend zur Brandbekämpfung verwendet. Die im Fahrzeugheck eingeschobene Tragkraftspritze PFPN 10-1000 wird zur Verwendung zunächst aus dem Fahrzeug entnommen und dann abgesetzt vom Fahrzeug betrieben.

Abbildung 12:
Tragkraftspritzenfahrzeug TSF (Quelle: COMPOINT GmbH & Co. KG, Forchheim)

Tragkraftspritzenfahrzeuge TSF-W werden aufgrund ihrer Ausstattung und der mitgeführten Löschwassermenge von mindestens 500 Liter (oder 750 Liter) überwiegend zur Brandbekämpfung verwendet, vor allem zur Einleitung von ersten Brandbekämpfungsmaßnahmen beziehungsweise zur Bekämpfung von Kleinbränden. Im Fahrzeugheck ist eine Tragkraftspritze PFPN 10-1000 eingeschoben, die mit einer Umschalteinrichtung für Saugbetrieb/Tankbetrieb mit dem Löschwasserbehälter verbunden ist. Diese Trag-kraftspritze kann auch aus dem Tragkraftspritzenfahrzeug entnommen und abgesetzt vom Fahrzeug betrieben werden.

Abbildung 13: Tragkraftspritzenfahrzeug TSF-W (Quelle: Schlingmann GmbH & Co. KG, Dissen)

4.1.3 Mittlere Löschfahrzeuge

Mittlere Löschfahrzeuge MLF werden aufgrund ihrer Ausstattung und der mitgeführten Löschwassermenge von mindestens 600 Liter (oder 1000 Liter) überwiegend zur Brandbekämpfung verwendet, zum Beispiel zur sofortigen Einleitung einer Brandbekämpfung, unabhängig vom Aufbau einer Löschwasserversorgung. Im Fahrzeugheck ist eine vom Fahrzeugmotor angetriebene Feuerlöschkreiselpumpe FPN 10-1000 fest eingebaut, die über eine Umschalteinrichtung für Saugbetrieb/Tankbetrieb mit dem Löschwasserbehälter verbunden ist. Die Besatzung besteht aus einer Staffel (1/5).

Abbildung 14:
Mittleres Löschfahrzeug MLF (Quelle: Schlingmann GmbH & Co. KG, Dissen)

4.1.4 Löschgruppenfahrzeuge

Löschgruppenfahrzeuge sind mit einer vom Fahrzeugmotor angetriebenen Feuerlöschkreiselpumpe, einem eingebauten Löschwasserbehälter und einer feuerwehrtechnischen Beladung ausgerüstet. Sie werden überwiegend zur Brandbekämpfung, zur Wasserförderung und zur Durchführung einfacher technischer Hilfeleistungen verwendet. Hilfeleistungs-Löschgruppenfahrzeuge verfügen über eine erweiterte Beladung für technische Hilfeleistungen (zum Beispiel hydraulische Rettungsgeräte) bei gleichzeitig verringertem Inhalt des Löschwasserbehälters. Die Besatzung dieser Löschgruppenfahrzeuge besteht jeweils aus einer Gruppe (1/8).

Auf **Löschgruppenfahrzeugen LF 10** wird eine Löschwassermenge von mindestens 1200 Liter und auf **Hilfeleistungs-Löschgruppenfahrzeugen HLF 10** eine Löschwassermenge von mindestens 1000 Liter mitgeführt. Im Fahrzeugheck ist jeweils eine vom Fahrzeugmotor angetriebene Feuerlöschkreiselpumpe FPN 10-1000 fest eingebaut, die mit einem A-Sauganschluss und mindestens zwei absperrbaren B-Druckabgängen sowie einer Umschalteinrichtung für Saugbetrieb/Tankbetrieb ausgestattet ist.

Abbildung 15:
Mittleres Löschfahrzeug MLF (Quelle: Schlingmann GmbH & Co. KG, Dissen)

Auf **Löschgruppenfahrzeugen LF 20** wird eine Löschwassermenge von mindestens 2000 Liter und auf **Hilfeleistungs-Löschgruppenfahrzeugen HLF 20** eine Löschwassermenge von mindestens 1600 Liter mitgeführt. Im Fahrzeugheck ist jeweils eine vom Fahrzeugmotor angetriebene Feuerlöschkreiselpumpe FPN 10-2000 fest eingebaut, die mit einem A-Sauganschluss und vier absperrbaren B-Druckabgängen sowie einer Umschalteinrichtung für Saugbetrieb/Tankbetrieb ausgestattet ist.

Abbildung 16:
Löschgruppenfahrzeug LF 20 (Quelle: Schlingmann GmbH & Co. KG, Dissen)

Auf **Löschgruppenfahrzeugen LF 20 KatS** für den Katastrophenschutz wird eine Löschwassermenge von mindestens 1000 Litern mitgeführt. Im Fahrzeugheck ist eine vom Fahrzeugmotor angetriebene Feuerlöschkreiselpumpe FPN 10-2000 fest eingebaut, die mit einem A-Sauganschluss und vier absperrbaren B-Druckabgängen sowie einer Umschalteinrichtung für Saugbetrieb/Tankbetrieb ausgestattet ist. Zusätzlich wird auf diesem Löschfahrzeug eine Tragkraftspritze PFPN 10-2000 (mindestens aber PFPN 10-1500) als Bestandteil der feuerwehrtechnischen Beladung mitgeführt.

Hinweis: Mit den beiden Feuerlöschkreiselpumpen und einer Beladung mit B-Druckschläuchen mit einer Länge von insgesamt 600 Metern ist das Löschgruppenfahrzeug LF 20 KatS besonders für die Förderung von Löschwasser über größere Entfernungen geeignet.

Abbildung 17: Löschgruppenfahrzeug LF 20 KatS (Quelle: Uwe Bunzel, Frankfurt am Main)

4.1.5 Tanklöschfahrzeuge

Tanklöschfahrzeuge sind mit einer vom Fahrzeugmotor angetriebenen Feuerlöschkreiselpumpe, einem eingebauten Löschwasserbehälter, weiteren löschtechnischen Einrichtungen und einer feuerwehrtechnischen Beladung ausgerüstet. Die Besatzung besteht aus einem Trupp (1/2).

Tanklöschfahrzeuge TLF 2000 werden aufgrund ihrer Ausstattung und der mitgeführten Löschwassermenge von mindestens 2000 Liter (oder 1800 Liter) überwiegend zur Bereitstellung von Löschwasser in schwer zugänglichen Gebieten und zur Bekämpfung von Vegetations- und Waldbränden verwendet. Im Fahrzeugheck ist eine vom Fahrzeugmotor angetriebene Feuerlöschkreiselpumpe FPN 10-1000 fest eingebaut, die mit einem A-Sauganschluss und mindestens zwei absperrbaren B-Druckabgängen sowie einer Umschalteinrichtung für Saugbetrieb/Tankbetrieb ausgestattet ist.

Abbildung 18:
Tanklöschfahrzeug TLF 2000
(Quelle: Schlingmann GmbH & Co. KG, Dissen)

Tanklöschfahrzeuge TLF 3000 werden aufgrund ihrer Ausstattung und der mitgeführten Löschwassermenge von mindestens 3000 Liter überwiegend zur Bereitstellung einer größeren Menge und zum Nachschub von Löschwasser, insbesondere in Gebieten mit unzureichender Löschwasserversorgung und außerhalb von befestigten Straßen verwendet. Diese Tanklöschfahrzeuge sind auch für die Bekämpfung von Vegetations- und Waldbränden vorgesehen und geeignet. Im Fahrzeugheck ist eine vom Fahrzeugmotor angetriebene Feuerlöschkreiselpumpe FPN 10-2000 fest eingebaut, die mit einem A-Sauganschluss und vier absperrbaren B-Druckabgängen sowie einer Umschalteinrichtung für Saugbetrieb/Tankbetrieb ausgestattet ist.

Abbildung 19:
Tanklöschfahrzeug TLF 3000
(Quelle: Schlingmann GmbH & Co. KG, Dissen)

Tanklöschfahrzeuge TLF 4000 werden aufgrund ihrer Ausstattung und der mitgeführten Löschwassermenge von mindestens 4000 Liter und einer Schaummittelmenge von mindestens 500 Liter überwiegend zur Bereitstellung einer größeren Menge und zum Nachschub von Löschwasser verwendet. Im Fahrzeugheck ist eine vom Fahrzeugmotor angetriebene Feuerlöschkreiselpumpe FPN 10-2000 fest eingebaut, die mit einem A-Sauganschluss und vier absperrbaren B-Druckabgängen sowie einer Umschalteinrichtung für Saugbetrieb/Tankbetrieb ausgestattet ist.

Abbildung 20:
Tanklöschfahrzeug TLF 4000 (Quelle: Schlingmann GmbH & Co. KG, Dissen)

4.2 Gerätewagen Logistik

Gerätewagen Logistik sind Feuerwehrfahrzeuge mit einer feuerwehrtechnischen Beladung und einer Ladefläche mit Ladebordwand. Sie werden zum Transport von Ausrüstungen und sonstige Materialien (Schläuche, Schaummittel, Ölbindemittel, ...) verwendet. Die Besatzung besteht aus einem Trupp (1/1) oder einer Staffel (1/5).

Gerätewagen GW-L1 werden für verschiedene logistische Aufgaben kleineren Umfangs eingesetzt. Dazu können auf der Ladefläche mindestens vier Rollcontainer, Gitterboxen oder Europaletten transportiert werden. Die Besatzung besteht aus einem Trupp (1/1) oder einer Staffel (1/5).

Gerätewagen GW-L2 werden für verschiedene logistische Aufgaben größeren Umfangs eingesetzt. Dazu können auf der Ladefläche mindestens sechs Rollcontainer, Gitterboxen oder Europaletten transportiert werden. Die Besatzung besteht aus einer Staffel (1/5).

Hinweis: Bei der Beladung mit einem Ausrüstungssatz „Wasserversorgung" können Gerätewagen Logistik GW-L2 die Aufgaben des Transports und der Verlegung von Druckschläuchen zur Löschwasserförderung und somit die Aufgabe der früheren, nicht mehr genormten Schlauchwagen SW 2000-Tr übernehmen.

Abbildung 21: Gerätewagen Logistik GW-L2 (Quelle: Uwe Bunzel, Frankfurt am Main)

4.3 Schlauchwagen

Schlauchwagen sind Feuerwehrfahrzeuge zum Transport von Schläuchen und zum Auslegen von zusammengekuppelten Druckschläuchen vom fahrenden Fahrzeug aus. Die bisherige DIN-Norm für Schlauchwagen wurden zurückgezogen. Ersatzweise können nunmehr entsprechend ausgerüstete Gerätewagen Logistik GW-L2, die mit einem Ausrüstungssatz „Wasserversorgung" beladen sind, die Aufgaben der nicht mehr genormten Schlauchwagen übernehmen.

Für Aufgaben im Rahmen des Katastrophenschutzes wurden durch das Bundesamt für Bevölkerungsschutz und Katastrophenhilfe (BBK) genaue Anforderungen für spezielle Schlauchwagen SW KatS festgelegt. Diese Schlauchwagen sollen überwiegend für die Wasserförderung über größere Entfernungen, aber auch zum Durchführen von allgemeinen Logistikaufgaben in der Feuerwehr verwendet werden. Das Bundesamt beschafft diese Schlauchwagen und stellt sie den Ländern für den Einsatz der Feuerwehren im Katastrophenschutz zur Verfügung. Auf einem Schlauchwagen SW KatS werden eine Tragkraftspritze PFPN 10-1500, ein selbsttragender offener Faltbehälter mit einem Inhalt von 5000 Liter, 2000 Meter B-Druckschlauch – in Schlauchkassetten auf der Lagerfläche gelagert – und die erforderlichen Armaturen für die Wasserentnahme und Wasserfortleitung als Standardbeladung mitgeführt. Die Besatzung besteht aus einem Trupp (1/2).

Abbildung 22: Schlauchwagen SW 2000 KatS (Quelle: Uwe Bunzel, Frankfurt am Main)

4.4 Feuerlöschkreiselpumpen

Feuerlöschkreiselpumpen sind für die Einsatzaufgaben der Feuerwehr besonders gestaltete Pumpen, die vorwiegend zur Förderung von Löschwasser verwendet werden. Sie müssen in der Lage sein, eine ausreichende Wassermenge unter ausreichendem Druck von einer Löschwasserentnahmestelle zu einer Abgabestelle zu fördern. Die Feuerlöschkreiselpumpen werden in Feuerlöschkreiselpumpen mit und Feuerlöschkreiselpumpen ohne Entlüftungseinrichtung unterteilt. Die allgemeinen Anforderungen an diese Pumpen sind in entsprechenden DIN EN Normen festgelegt.

Feuerlöschkreiselpumpen mit Entlüftungseinrichtungen werden als Normaldruckpumpen (FPN) in Löschfahrzeugen und Tragkraftspritzen fest eingebaut, für besondere Anwendungsbereiche auch als mehrstufige Hochdruckpumpen (FPH). Feuerlöschkreiselpumpen ohne Entlüftungseinrichtungen werden als tragbare Schwimmpumpen, Tauchpumpen und Verstärkerpumpen ausschließlich für die Wasserentnahme aus offenen Gewässern verwendet.

Tabelle 3: Allgemein verwendete genormte Feuerlöschkreiselpumpen

Kurzbezeichnung	gemäß	Nennförderdruck	Nennförderstrom
FP 8/8	DIN 14420 1)	8 bar	800 L/min
FP 16/8		8 bar	1600 L/min
FPN 10-1000	DIN EN 1028	10 bar	1000 L/min
FPN 10-1500		10 bar	1500 L/min
FPN 10-2000		10 bar	2000 L/min

1) Die DIN 14420 wurde zurückgezogen und durch die DIN EN 1028 ersetzt.

Hinweis: Feuerlöschkreiselpumpen gemäß der zurückgezogenen und somit nicht mehr gültigen DIN 14420 werden auch heute noch bei den Feuerwehren vorgehalten und im Einsatz verwendet.

■ Fahrzeugeinbaupumpen

Diese Feuerlöschkreiselpumpen werden vom Fahrzeugmotor des Löschfahrzeugs angetrieben und sind üblicherweise im hinteren Geräteraum des Fahrzeuges eingebaut (oder im Fahrgestell in der Mitte des Fahrzeuges). Die Bedienung der Pumpen erfolgt über ein heckseitiges Bedienfeld. Hier befinden sich auch alle eingangsseitigen Schlauchanschlüsse.

Abbildung 23:
Bedienfeld einer in einem Löschfahrzeug fest eingebauten Feuerlöschkreiselpumpe FPN 10-2000 (Quelle: Schlingmann GmbH & Co. KG, Dissen)

■ Tragkraftspritzen

Tragkraftspritzen sind tragbare Feuerwehrpumpen, mit einer von einem Verbrennungsmotor angetriebenen Feuerlöschkreiselpumpe. Sie können von Einsatzkräften zur Verwendungsstelle getragen und dort abgesetzt vom Fahrzeug betrieben werden. Tragkraftspritzen werden zur Löschwasserentnahme, zur Druckerhöhung bei einer Löschwasserförderung sowie zum Abpumpen von Wasser bei Unwetter- oder Hochwasserlagen verwendet.

Hinweis: Tragkraftspritzen sind für die Wasserfortleitung im Rahmen einer Löschwasserförderung über größere Entfernungen besonders geeignet, da durch ihre Verwendung meist keine Löschfahrzeuge mit Einsatzkräften und umfangreicher Beladung gebunden werden.

Abbildung 24:
Tragkraftspritze PFPN 10-1000 (Quelle: Albert Ziegler GmbH, Gingen)

4.4.1 Arbeitsweise einer Feuerlöschkreiselpumpe

Das zu fördernde Wasser wird der Feuerlöschkreiselpumpe aus einem Löschwasserbehälter im Fahrzeug, über eine Saugleitung, durch die Einspeisung aus einem Hydranten oder durch die Einspeisung einer anderen Feuerlöschkreiselpumpe zugeführt. Das Wasser fließt dann dem sich mit hoher Drehzahl drehenden Laufrad zu. Es wird im Laufrad umgelenkt, von den gekrümmten Schaufeln des Laufrades erfasst, mit zunehmender Geschwindigkeit durch die nach außen größer werdenden Laufradkanäle weitergeleitet und infolge der raschen Drehung des Laufrades durch die Zentrifugalkraft zum äußeren Rand des Laufrades geschleudert.

Das mit hoher Bewegungsenergie aus den Laufradkanälen austretende Wasser wird in dem angrenzenden feststehenden Leitrad, dessen Kanalquerschnitte sich ebenfalls stetig vergrößern, aufgefangen. Durch das Abbremsen der Fließgeschwindigkeit des Wassers wird weiter Bewegungsenergie in Druckenergie umgewandelt. Aus dem Leitrad strömt das Wasser in den Druckkanal des Pumpengehäuses. Am Druckkanal befinden sich dann die Druckausgänge mit den Absperreinrichtungen und den Schlauchanschlüssen, an denen das unter Druck stehende Wasser aus der Pumpe entnommen und den angekuppelten Druckschläuchen zugeführt werden kann.

4.4.2 Begriffe

In der aktuellen Norm für die Feuerlöschkreiselpumpen sind verschiedene Begriffe festgelegt und näher erläutert, die auch für die Löschwasserförderung von Bedeutung sind:

- **Förderstrom** Q **[L/min]** – die von der Feuerlöschkreiselpumpe geförderte Wassermenge je Zeiteinheit.
- **Nennförderstrom** Q_N **[L/min]** – der festgelegte Förderstrom bei Nennförderdruck, Nenndrehzahl und geodätischer Nennsaughöhe.
- **Eingangsdruck** p_e **[bar]** – der Druck am Eingangsquerschnitt (Saugeingang) der Pumpe, angezeigt durch das Eingangsdruckmessgerät.
- **Ausgangsdruck** p_a **[bar]** – der Druck am Austrittsquerschnitt (B-Druckausgang) der Pumpe, angezeigt durch das Ausgangsdruckmessgerät.
- **Förderdruck** p **[bar]** – der Unterschied zwischen dem Ausgangsdruck und dem Eingangsdruck. Der Förderdruck wird errechnet ($p = p_a - p_e$).
- **Nennförderdruck** p_N **[bar]** – der festgelegte Förderdruck für den Nennförderstrom (zum Beispiel bei einer FPN 10-1000 = 10 Bar).
- **Schließdruck** p_{a0} **[bar]** – der Ausgangsdruck bei einem Förderstrom von 0 Liter pro Minute, bei geodätischer Nennsaughöhe und Höchstdrehzahl der Pumpe.
- **Drehzahl** n $[s_{-1}]$ – die vom Antriebsmotor auf die Pumpenwelle übertragene Anzahl von Umdrehungen pro Minute.
- **Nenndrehzahl** n_N $[s_{-1}]$ – die Drehzahl der Pumpenwelle / des Laufrades bei Nennförderleistung.
- **Höchstdrehzahl** n_0 $[s_{-1}]$ – die vom Hersteller der Pumpe angegebene maximale Drehzahl der Pumpenwelle / des Laufrades.
- **Geodätische Saughöhe** Hs_{geo} **[m]** – der Höhenunterschied zwischen der Eintrittsmitte des Laufrades (Pumpenwellenmitte) und der saugseitigen Wasseroberfläche.
- **Geodätische Nennsaughöhe** Hs_{geoN} **[m]** – der für den Nennförderstrom festgelegte Höhenunterschied zwischen der Eintrittsmitte des Laufrades (Pumpenwellenmitte) und der saugseitigen Wasseroberfläche.

4.4.3 Leistungswerte der Feuerlöschkreiselpumpen

Für die Feuerlöschkreiselpumpen werden bestimmte Leistungswerte vorausgesetzt und im Rahmen von Typprüfungen, Abnahmeprüfungen oder regelmäßigen Prüfungen ermittelt. Diese Leistungswerte müssen in Abhängigkeit von der Konstruktion der Pumpen und deren Antriebsmotoren als so genannte Garantiepunkte mindestens erbracht werden.

Tabelle 4: Leistungswerte von genormten Feuerlöschkreiselpumpen

	FPN 10-1000	**FPN 10-2000**
Garantiepunkt 1		
geodätische Nennsaughöhe $H_{S\ geoN}$	3,00 m	3,00 m
Nennförderdruck p_N	10 bar	10 bar
Nennförderstrom Q_N	1000 L/min	2000 L/min
Garantiepunkt 2		
geodätische Saughöhe $H_{S\ geo}$	7,50 m	7,50 m
Nennförderdruck p_N	10 bar	10 bar
Förderstrom Q	500 L/min	1000 L/min
Garantiepunkt 3		
geodätische Saughöhe $H_{S\ geo}$	3,00 m	3,00 m
Förderdruck p	12 bar	12 bar
Förderstrom Q	500 L/min	1000 L/min
Schließdruck / Prüfdruck		
Schließdruck p_{a0}	10 bis 17 bar	10 bis 17 bar
statischer Prüfdruck	15 bar	15 bar
dynamischer Schließdruck	22,5 bar	22,5 bar

Die Werte für die Förderströme und die Förderdrücke der zu beurteilenden Feuerlöschkreiselpumpen werden auf Pumpenprüfständen ermittelt und dann in einem Diagramm als sogenannte Pumpenkennlinien dargestellt.

4.5 Feuerwehrschläuche

Feuerwehrschläuche werden vor allem für die Förderung von Löschwasser verwendet. Sie werden in Saugschläuche und Druckschläuche unterteilt. Die unterschiedlichen Ausführungen und Größen sowie die jeweiligen Anforderungen an die Schläuche sind in entsprechenden DIN-Normen festgelegt.

4.5.1 Saugschläuche

Saugschläuche werden verwendet, um Feuerlöschkreiselpumpen mit drucklosem Wasser zu versorgen. Sie dienen in Verbindung mit Feuerlöschkreiselpumpen der Wasserentnahme aus offenen Gewässern und – über entsprechende Löschwasser-Sauganschlüsse – aus Löschwasserteichen, Löschwasserbehältern oder Löschwasserbrunnen. Die Saugschläuche sind so konstruiert, dass sie luftdicht und sowohl bei Unterdruck als auch bei Überdruck formstabil bleiben und dabei ihren runden Querschnitt behalten. Auf den genormten Löschfahrzeugen werden üblicherweise vier Saugschläuche der Nenngröße A mit einer Nennlänge von 1,60 Meter mitgeführt.

Abbildung 25: Saugschlauch zur Wasserentnahme, Nenngröße A (Quelle: AWG Fittings GmbH, Ballendorf)

Um die Zuverlässigkeit der Saugschläuche und einen reibungslosen Einsatzablauf zu gewährleisten, müssen die folgenden Hinweise bei der Verwendung der Saugschläuche beachtet werden.

Verwendungshinweise
• Knaggen bis zum Anschlag durchkuppeln. • Nicht über den Boden oder über scharfe Kanten ziehen. • Nicht abknicken. • Vor Kontakt mit Chemikalien, Ölen und Fetten schützen. • Vor Scheuerstellen durch Vibrationen der Feuerlöschpumpe schützen. • Nur gestreckt lagern. • Nach Gebrauch gründlich reinigen und trocknen.

4.5.2 Druckschläuche

Druckschläuche werden in Verbindung mit Feuerlöschkreiselpumpen, Armaturen und Strahlrohren zum Fördern von Löschwasser sowie für das manuelle Löschen von Bränden verwendet. Sie müssen aufgrund der Beanspruchungen im Einsatz äußerst druckfest, scheuerbeständig und schmutzunempfindlich sein. Diese Anforderungen werden durch die Anwendung einer speziellen Konstruktionsart und entsprechender Materialien erreicht. Auf genormten Löschfahrzeugen werden üblicherweise Druckschläuche der Nenngrößen D, C und B mitgeführt (*siehe Tabelle* 6).

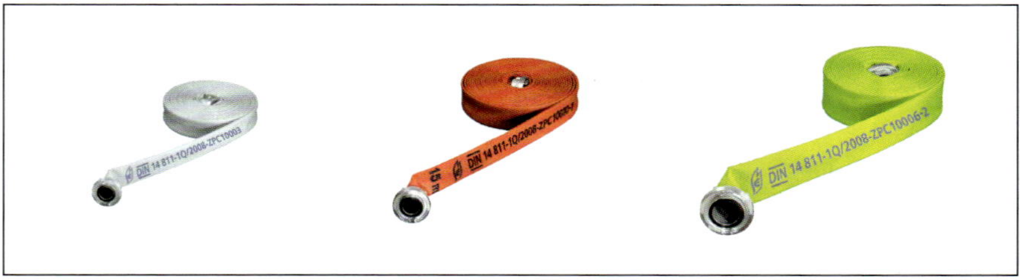

Abbildung 26: Druckschläuche in verschiedenen Nenngrößen (Quelle: Eschbach)

Die Farbe der Druckschläuche ist üblicherweise weiß oder rot. Darüber hinaus können Druckschläuche zur besseren Erkennbarkeit aber auch in den Farben gelb, orange oder in sonstigen Farben hergestellt werden.

Tabelle 5: Ausführungen der genormten Druckschläuche

Kurzzeichen	Innendurchmesser	Gesamtlänge des Druckschlauches			
		5 m	15 m	20 m	35 m
D 25	25 mm	■	■		
C 42	42 mm		■	■ 1)	
C 52	52 mm		■	■ 1)	
B 75	75 mm	■		■	■ 2)
A 110	110 mm	■		■	
F 152	152 mm	Schlauchlänge ist bei der Bestellung anzugeben			

1) Diese Länge ist aus Gründen der Handhabung zu vermeiden.
2) Nur für Hubrettungsfahrzeuge.

Um die Zuverlässigkeit der Druckschläuche und einen reibungslosen Einsatzablauf zu gewährleisten, müssen die folgende Hinweise bei der Verwendung der Druckschläuche beachtet werden.

Verwendungshinweise

- Knaggen bis zum Anschlag durchkuppeln.
- Knickfrei und ohne Drall auslegen.
- Nicht über den Boden schleifen oder über scharfe Kanten ziehen.
- Vor äußeren Beschädigungen schützen.
- Außerhalb der Zone herabfallenden Brandschuttes verlegen.
- Nicht mit Brandglut in Berührung bringen.
- Vor Kontakt mit Chemikalien, Ölen, Fetten, Teer oder ähnlich schützen.
- Nicht über drucklose oder unter Druck stehende Schläuche fahren.
- Auf Verkehrswegen Schlauchbrücken oder -überführungen verwenden.
- Schlagartige Druckerhöhungen vermeiden.
- Hängende Schläuche mit Schlauchhaltern sichern und entlasten.
- Bei starkem Frost ständigen Durchfluss aufrechterhalten.
- Gebrauchte Schläuche einfach rollen und transportieren.

4.5.3 Feuerwehrschläuche auf Einsatzfahrzeugen

Aufgrund der Fahrzeugeinbaupumpe (LF 20 KatS) und der mitgeführten Tragkraftspritzen sowie der Beladung mit einer größeren Anzahl von B-Druckschläuchen sind die Löschgruppenfahrzeuge LF 20 KatS, die Gerätewagen Logistik GW-L2 (mit Ausrüstungsmodul „Wasserförderung“) und die Schlauchwagen SW 2000 KatS besonders für die Förderung von Löschwasser über größere Entfernungen geeignet.

Tabelle 6: Anzahl der mitgeführten Feuerwehrschläuche

Typ	Saugschlauch	Druckschläuche		
	A 110 1,60 m	C 42 15 m	B 75 5 m	B 75 20 m
KLF	4	9	1	10
TSF	4	9	1 [1)]	10
TSF-W	4	9	1	10
MLF	4	9	1	10
LF 10	4	12	1	14
HLF 10	4	12	1	14
LF 20	4	12	1	14
HLF 20	4	12	1	14
LF 20 KatS	6	12	2	30
TLF 2000	4 [1)]	6	1	4
TLF 3000	4 [1)]	6	1	4
TLF 4000	4 [1)]	6	1	4
GW-L2 [2)]	6 oder 12 [3)]	---	2	100
SW 2000 KatS	6	6	2	100

1) Nur auf Wunsch des Bestellers.
2) Mit Ausrüstungsmodul „Wasserversorgung“ als Zusatzbeladung.
3) Nur, wenn auf Wunsch des Bestellers eine zweite Tragkraftspritze mitgeführt wird.

4.6 Armaturen

Für die Entnahme von Löschwasser, die Weiterleitung und die Abgabe an der Einsatzstelle werden wasserführende Armaturen benötigt. Diese haben die Aufgabe, in Verbindung mit Schläuchen und Pumpen eine fortwährende Löschwasserförderung und -bereitstellung zu ermöglichen.

4.6.1 Saugkorb

Ein Saugkorb wird am wasserseitigen Ende einer Saugleitung angekuppelt und verhindert so das Ansaugen von groben Verunreinigungen, die zu Schäden in der Feuerlöschkreiselpumpe führen könnten. Das eingebaute Rückschlagorgan verhindert das Abreißen der Wassersäule bei einer Unterbrechung des Saug- beziehungsweise Fördervorganges und ermöglicht, wenn zum Beispiel die Entlüftungseinrichtung der Feuerlöschkreiselpumpe ausgefallen ist, das Auffüllen der Saugleitung mit Wasser. Von der Feuerwehr werden üblicherweise Saugkörbe in der Größe A eingesetzt.

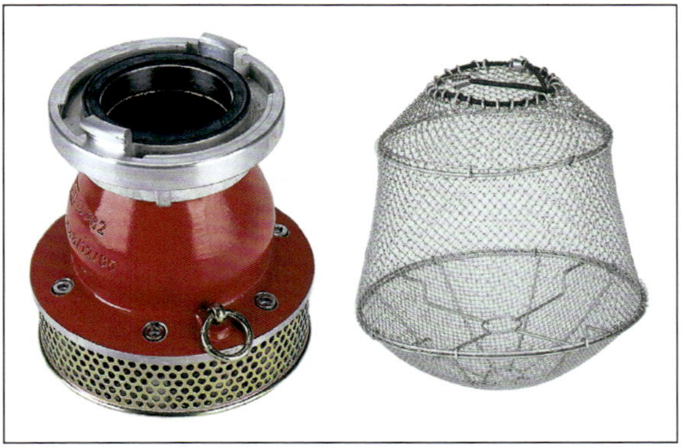

Abbildung 27:
Saugkorb A und Schutzkorb aus Drahtgeflecht
(Quelle: AWG Fittings GmbH, Ballendorf)

Mit einem Schutzkorb aus Drahtgeflecht, der über einen Saugkorb gestülpt und mit einem Gummizugverschluss befestigt werden kann, wird der Saugkorb zusätzlich gegen das Ansaugen von Verschmutzungen geschützt. Beim Anbringen des Schutzkorbes ist darauf zu achten, dass die am Saugkorb angebrachte Ventilleine nicht eingeklemmt wird.

4.6.2 Standrohr

Ein Standrohr wird zur Wasserentnahme aus Unterflurhydranten verwendet. Am Standrohr sind zwei Abgänge mit Festkupplung zum Anschluss der B-Schlauchleitungen und am Zugang eine Klauenmutter zur Befestigung auf einen Unterflurhydranten angebracht. Vor dem Aufsetzen des Standrohres auf den Unterflurhydranten ist zu prüfen, ob der Hydrantensitz frei von Verschmutzungen, Sand oder Steinen ist, damit eine einwandfreie Abdichtung erfolgen kann. Es ist außerdem zu prüfen, ob der Dichtring am Fußende des Standrohres im einwandfreien Zustand ist. Für das Öffnen des Ventils des Hydranten dient der Schlüssel C für Unterflurhydranten.

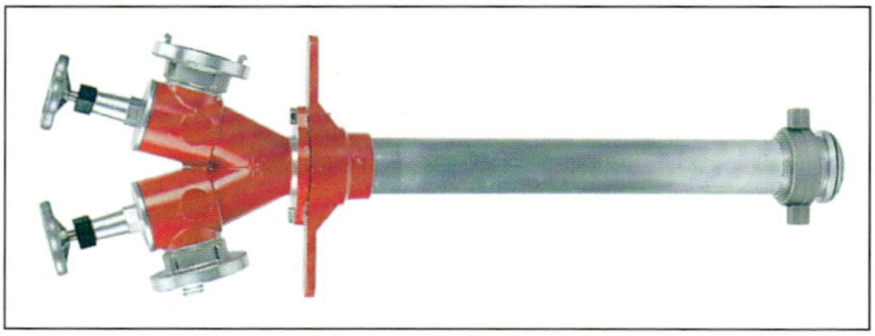

Abbildung 28:
Standrohr 2B (Quelle: AWG Fittings GmbH, Ballendorf)

4.6.3 Systemtrenner

Wird von der Feuerwehr Wasser aus dem Rohrnetz der öffentlichen Trinkwasserversorgung entnommen, muss verhindert werden, dass Wasser zurückfließt, wenn der Druck im Rohrnetz niedriger als in den verlegten Schlauchleitungen ist. Zum Schutz vor Verunreinigung des Trinkwassers muss deshalb ein mobiler Systemtrenner B-FW verwendet werden, der direkt am Standrohr beziehungsweise am Überflurhydrant in die verlegte Schlauchleitung eingekuppelt wird. Dabei ist die markierte Durchflussrichtung auf dem Systemtrenner zu beachten. Kommt es zu einem Druckunterschied zwischen dem Rohrnetz der Trinkwasserversorgung und der verlegten Schlauchleitung, schließt der Systemtrenner automatisch und verhindert, dass Wasser in das Rohrnetz zurückfließt. Zur Druckentlastung in der verlegten Schlauchleitung öffnet sich das Auslassventil im Gehäuse des Systemtrenners und lässt Wasser abströmen.

Abbildung 29: Mobiler Systemtrenner B-FW (Quelle: AWG Fittings GmbH, Ballendorf)

4.6.4 Sammelstücke

Mit einem Sammelstück werden die Löschwasserströme aus mehreren Zuleitungen zusammengefasst. Sammelstücke werden am Saugeingang einer Feuerlöschkreiselpumpe angeschlossen, wenn diese mit Wasser aus mehreren Zuleitungen von einem Hydranten oder einer anderen Feuerlöschkreiselpumpe gespeist werden soll.

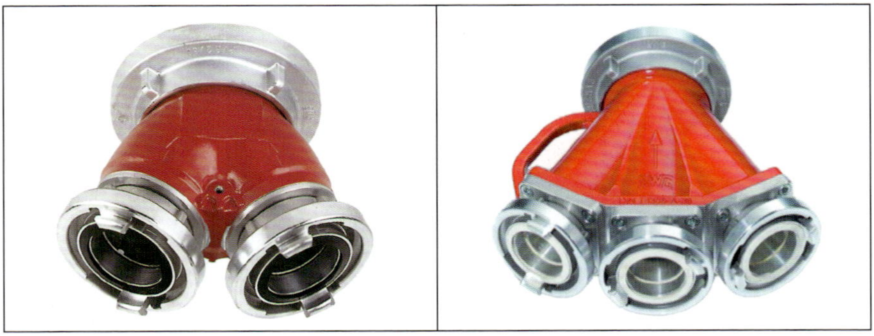

Abbildung 30: Sammelstück A-2B und A-3B (Quelle: AWG Fittings GmbH, Ballendorf)

Dabei ist es möglich, ohne Unterbrechung der Löschwasserversorgung nacheinander mehrere B-Schlauchleitungen anzuschließen, ohne bei den bereits angeschlossenen B-Schlauchleitungen „Wasser halt!" veranlassen zu müssen. Neben den bisher üblichen Sammelstücken mit zwei B-Anschlüssen sind auch Sammelstücke mit drei oder vier B-Anschlüssen genormt. Diese ermöglichen es, eine erhöhte Löschwassermenge in Feuerlöschkreiselpumpen einzuspeisen, um somit deren Leistungsfähigkeit zu nutzen.

4.6.5 Druckbegrenzungsventil

Bei der Löschwasserförderung ist es erforderlich, den Druck in den Schlauchleitungen zu begrenzen, damit eine Überbeanspruchung durch zu hohe Drücke verhindert wird. Weiterhin darf bei der Löschwasserförderung über eine lange Förderstrecke der Eingangsdruck an den Feuerlöschkreiselpumpen nicht zu hoch sein. Auch das plötzliche Schließen von Strahlrohren oder Verteilern, das Überfahren von Schlauchleitungen oder das Knicken einzelner Schläuche darf ebenfalls nicht zu einem unzulässigen Druckanstieg in der Schlauchleitung führen. Um dies zu verhindern, können Druckbegrenzungsventile vor einer Feuerlöschkreiselpumpe oder vor einem Verteiler in die Schlauchleitung eingekuppelt werden.

Abbildung 31:
Druckbegrenzungsventil B (Quelle: AWG Fittings GmbH, Ballendorf)

Wird bei einem Druckanstieg in einer Schlauchleitung der am Druckbegrenzungsventil vorgewählte Maximaldruck überschritten, öffnet das Ventil und lässt zur Druckentlastung einen Teil des Wassers aus dem Überlauf ins Freie abfließen. Zur Ableitung wird am Überlauf des Druckbegrenzungsventils ein 5 Meter langer B-Druckschlauch angekuppelt. Geht der Druck in der Schlauchleitung und im eingekuppelten Druckbegrenzungsventil wieder zurück, schließt das Ventil den Überlauf automatisch wieder ab.

4.6.6 Schlauchabsperrung

Schlauchabsperrungen werden zum Absperren von Förderleitungen und faltbaren Löschwasserbehältern eingesetzt. Sie lassen sich in eine Schlauchleitung einkuppeln und ermöglichen so eine zeitweilige Unterbrechung des Wasserflusses. Der Kugelhahn ist so eingebaut, dass der Schalthebel bei geöffnetem Durchgang in Durchflussrichtung steht.

Abbildung 32:
Schlauchabsperrung B, im geöffneten Zustand
(Quelle: AWG Fittings GmbH, Ballendorf)

4.7 Zubehör

Für den Aufbau der Löschwasserversorgung an einer Einsatzstelle, das Verlegen von Schlauchleitungen und das Verbinden von Schläuchen und Armaturen, ist die Verwendung von entsprechendem Zubehör erforderlich.

4.7.1 Schlauchbrücken

Schlauchbrücken aus Holz oder aus Aluminium werden zum Schutz von gefüllten oder auch ungefüllten B- oder C-Schlauchleitungen verwendet, die über befahrene Verkehrswege verlegt werden müssen. Schlauchbrücken aus Holz sind für die Verlegung von zwei B-Schlauchleitungen geeignet. Schlauchbrücken aus Aluminium für die Verlegung von zwei B-Schlauchleitungen und zusätzlich zwei C-Schlauchleitungen.

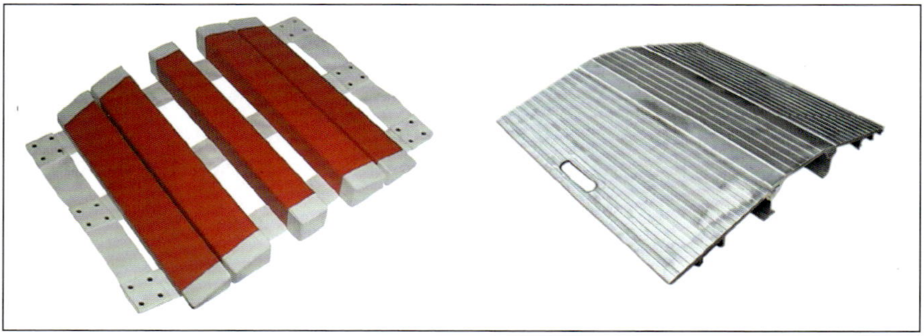

Abbildung 33: Schlauchbrücke aus Holz und aus Aluminium (Quelle: Dönges GmbH & Co KG, Wermelskirchen)

Beim Überqueren von Verkehrswegen mit Schlauchleitungen sind jeweils drei Schlauchbrücken so auszulegen, dass Kraftfahrzeuge mit verschiedenen Spurbreiten (Pkw/Lkw) die Leitung sicher überfahren können. Auf einer Seite sind zwei Schlauchbrücken unmittelbar nebeneinander und in etwa einem Meter Abstand die dritte Schlauchbrücke auszulegen.

4.7.2 Kupplungsschlüssel

Kupplungsschlüssel werden zum Zusammenkuppeln und Entkuppeln der Kupplungen von Saug- und Druckschläuchen sowie Armaturen verwendet. Besonders A- und B-Kupplungen lassen sich nicht immer von Hand ausreichend festziehen. Deshalb werden zum vollständigen und sicheren Schließen der Kupplungen jeweils Kupplungsschlüssel verwendet.

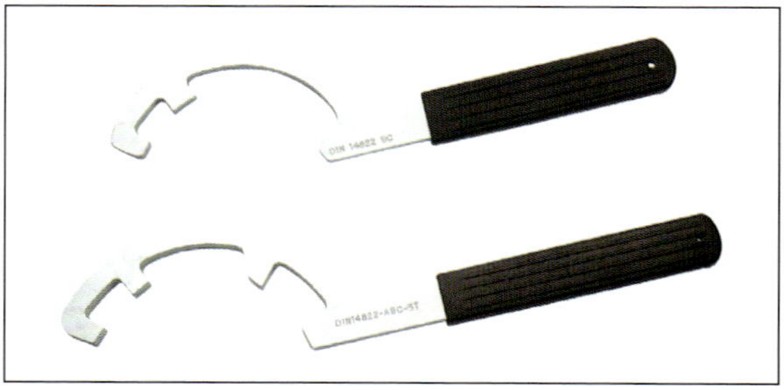

Abbildung 34: Kupplungsschlüssel, oben Ausführung BC, unten ABC (Quelle: Dönges GmbH & Co KG, Wermelskirchen)

4.7.3 Hydrantenschlüssel

Die Schlüssel A und B (Überflurhydrantenschlüssel) werden zur Inbetriebnahme von Überflurhydranten mit oder ohne Fallmantel verwendet, Schlüssel C (Unterflurhydrantenschlüssel) zum Herausheben der Straßenkappe eines Unterflurhydranten und zum Öffnen des Unterflurhydranten.

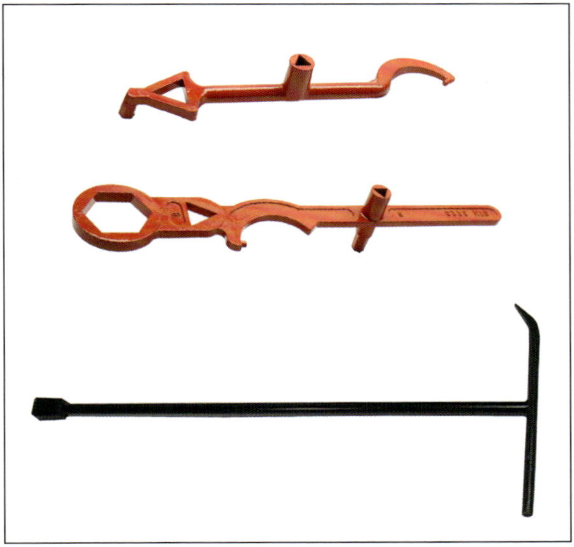

Abbildung 35:
Schlüssel, oben Ausführung A, Mitte Ausführung B, unten Ausführung C
(Quelle: Dönges GmbH & Co KG, Wermelskirchen)

4.7.4 Faltbehälter

Auf den Löschgruppenfahrzeugen LF 20 KatS und den Schlauchwagen SW 2000 KatS wird jeweils ein selbsttragender offener Faltbehälter mit einem Inhalt von 5000 Liter als Standardbeladung mitgeführt. Dieser Faltbehälter besteht aus einem beschichteten Kunststoffgewebe und ist mit einem absperrbaren A-Anschluss ausgestattet. Beim Befüllen richtet sich der Faltbehälter selbstständig auf und benötigt somit kein Stützgestell. Diese Faltbehälter werden zum Beispiel bei einer Löschwasserförderung in offener Schaltreihe (*siehe Kapitel 5.1*) eingesetzt.

Abbildung 36:
Selbsttragender offener Faltbehälter (Quelle: Vetter GmbH, Zülpich)

4.7.5 Rohr-Schlauchüberführung

Eine Rohr-Schlauchüberführung besteht aus zwei an den Enden abgewinkelten Querrohren mit beidseitigen Kupplungsanschlüssen mit Festkupplung B und vier abnehmbaren Stützfüßen. Diese Konstruktion ist zusammenlegbar und zur besseren Sichtbarkeit rot-weiß lackiert. Die lichte Durchfahrtshöhe beträgt 4,00 Meter, die obere Durchfahrtsbreite 3,20 Meter. Rohr-Schlauchüberführungen werden entsprechend den Anforderungen der jeweiligen Feuerwehr auf bestimmten Einsatzfahrzeugen mitgeführt.

Abbildung 37:
Rohr-Schlauchüberführung (Quelle: Michael Ehresmann, Feuerwehrforum Wiesbaden112.de)

4.8 Selbstkontrolle und Testfragen

(Lösungen siehe Seite 104)

1. Welche Arten von Löschfahrzeugen werden unterschieden?

a) Kleinlöschfahrzeuge
b) Tragkraftpumpenfahrzeuge
c) Mittlere Löschfahrzeuge
d) Große Löschfahrzeuge
e) Hilfeleistungs-Löschgruppenfahrzeuge
f) Tanklöschfahrzeuge

2. Welche Ausrüstungen werden auf Schlauchwagen SW 2000 KatS als Standardbeladung mitgeführt?

a) Eine Tragkraftspritze PFPN 10-1500
b) Ein selbsttragender offener Faltbehälter
c) 2000 Meter B-Druckschlauch
d) 20 Meter A-Saugschlauch
e) Erforderliche Armaturen für die Wasseraufbereitung

3. Welche Arten von Feuerlöschkreiselpumpen werden unterschieden?

a) Normaldruckpumpen mit Entlüftungseinrichtungen
b) Normaldruckpumpen ohne Entlüftungseinrichtungen
c) Verstärkerpumpen mit Entlüftungseinrichtungen
d) Verstärkerpumpen ohne Entlüftungseinrichtungen
e) Hochdruckpumpen mit Entlüftungseinrichtungen

4. Welche Größen von Druckschläuchen werden unterschieden?

a) Druckschläuche der Größen A, B, C, D, E, S und W
b) Druckschläuche der Größen S, L, XL und XXL
c) Druckschläuche der Größen F, A, B, C und D
d) Druckschläuche der Größen E, A, B, C und D

5. Welche Aufgabe hat das Rückschlagorgan in einem Saugkorb?

a) Es verhindert das Abreißen der Wassersäule bei einer Unterbrechung des Saug- beziehungsweise Fördervorganges.
b) Es ermöglicht beim Ausfall der Entlüftungseinrichtung der Feuerlöschkreiselpumpe das Auffüllen der Saugleitung mit Wasser.
c) Es verhindert das Ansaugen von Verschmutzungen, die zu Schäden in der Feuerlöschkreiselpumpe führen können
d) Es steuert durch Ziehen an der Ventilleine den Ansaugdruck in der Feuerlöschkreiselpumpe.

6. Wozu werden mobile Systemtrenner verwendet?

a) Zum Trennen von Saug- und Druckleitungen.
b) Zum Schutz vor Verunreinigung des Trinkwassers.
c) Zur Druckregelung in den Schlauchleitungen.
d) Zur Trennung von Normaldruck und Hochdruck im Pumpen.

7. Wozu werden Druckbegrenzungsventile verwendet?

a) Zur Druckregelung in einer Feuerlöschkreiselpumpe.
b) Zur Druckbegrenzung innerhalb von Schlauchleitungen.
c) Zur Druckbegrenzung an Steigleitungen.
d) Zur Unterbrechung der Druckwasserförderung.

8. Wozu werden Schlauchbrücken verwendet?

a) Zum Schutz von Schlauchleitungen, die über befahrene Straßen verlegt werden müssen.
b) Zum Schutz von Schlauchleitungen, die über Schienenwege verlegt werden müssen.
c) Zum Unterlegen von Schlauchleitungen, die in unebenem Gelände verlegt werden müssen.
d) Zum Aufbau von Schlauchüberführungen.

5 Unterteilung der Förderstrecken

Für die Förderung von Löschwasser von einer Löschwasserentnahmestelle bis zu einer Abgabestelle wird durch die Feuerwehr eine Förderstrecke aufgebaut, die aus Schlauchleitungen, Armaturen und Feuerlöschkreiselpumpen (Fahrzeugeinbaupumpen oder Tragkraftspritzen) besteht. Eine Förderstrecke kann in Abhängigkeit von ihrem Aufbau (Schaltreihe), den Anschnitten und den Längen unterteilt werden.

5.1 Geschlossene und offene Schaltreihe

Bei einer **geschlossenen Schaltreihe** wird eine durchgehende Schlauchleitung von einer Löschwasserentnahmestelle bis zu einer Abgabestelle aufgebaut. Dabei wird das Löschwasser einer Feuerlöschkreiselpumpe über eine Saugleitung beziehungsweise eine Druckleitung direkt über den Pumpeneingang zugeführt und weitergefördert, bei einer Hintereinanderschaltung von mehreren Feuerlöschkreiselpumpen jeweils über ein Sammelstück direkt zum Pumpeneingang der nachfolgenden Feuerlöschkreiselpumpen und weiter bis zu den Strahlrohren.

Bei einer **offenen Schaltreihe** wird eine Förderstrecke aufgebaut, die durch das Einleiten des Löschwassers in transportable Löschwasserbehälter (Faltbehälter, Abrollbehälter AB Tank, ...) oder in die Löschwasserbehälter von Löschfahrzeugen (Pufferbetrieb) unterbrochen wird. Von dort erfolgt ein Weiterfördern des Löschwassers durch eine nachfolgende Feuerlöschkreiselpumpe. Bei dieser Art der Löschwasserförderung wird die Weiterleitung von Druckstößen vermieden, die durch plötzliches Öffnen oder Schließen von Verteilern oder Strahlrohren verursacht werden. Außerdem lassen sich defekte Druckschläuche innerhalb der Förderstrecke auswechseln, ohne dass für die gesamte Schaltreihe „Wasser halt!“ erfolgen muss. Da das Löschwasser frei in einen Löschwasserbehälter einläuft, kann der „eingesparte“ Eingangsdruck für die Vergrößerung der Abstände zwischen den Feuerlöschkreiselpumpen genutzt werden.

5.2 Teilstrecken

Die gesamte Förderstrecke zwischen einer Löschwasserentnahmestelle und der Abgabestelle kann in verschiedene Abschnitte unterteilt werden: In die Teilstrecke Wasserentnahme, die Teilstrecke/-n Feuerwehrpumpen und die Teilstrecke Wasserabgabe.

Die **Teilstrecke Wasserentnahme** ist der Abschnitt der Förderstrecke beziehungsweise die Länge der verlegten Schlauchleitung zwischen einer Löschwasserentnahmestelle und der ersten Feuerlöschkreiselpumpe, angegeben in Meter. Diese Teilstrecke besteht aus einer kurzen Schlauchleitung (A-Saugschläuche) zwischen einem Löschwasser-Sauganschluss oder einer Saugstelle und der ersten Feuerlöschkreiselpumpe oder aus einer Schlauchleitung (B-Druckschläuche) zwischen einem Hydranten und der ersten Feuerlöschkreiselpumpe.

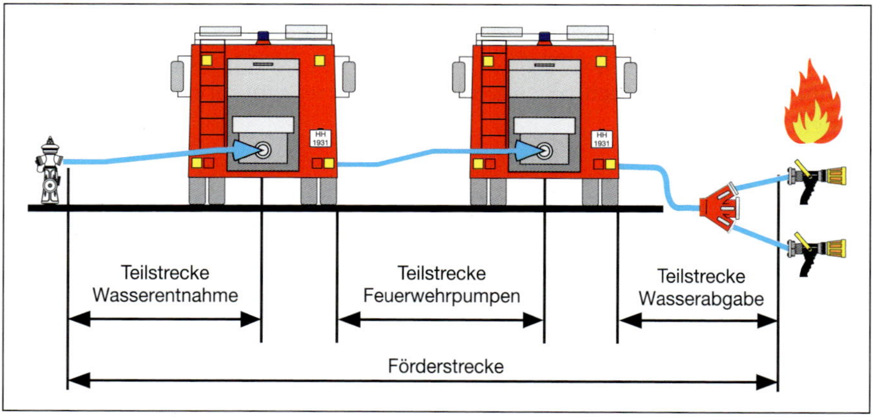

Abbildung 38: Abschnitte innerhalb einer Förderstrecke (Quelle: basierend auf Originalgrafik von Freynik, de Vries; aus de Vries et al. Wasserförderung über lange Wegestrecke, Landsberg 2004)

Die **Teilstrecke Feuerwehrpumpen** ist der Abschnitt der Förderstrecke beziehungsweise die Länge der verlegten Schlauchleitung zwischen zwei hintereinander angeordneten Feuerlöschkreiselpumpen, angegeben in Meter.

Diese Teilstrecke besteht aus einer längeren Schlauchleitung (B-Druckschläuche) zwischen der ersten Feuerlöschkreiselpumpe und der nächsten Feuerlöschkreiselpumpe. Innerhalb einer langen Förderstrecke können mehrere dieser Teilstrecken hintereinander angeordnet sein.

Die **Teilstrecke Wasserabgabe** ist der Abschnitt der Förderstrecke beziehungsweise die Länge der verlegten Schlauchleitungen zwischen der letzten Feuerlöschkreiselpumpe und der Abgabestelle. Diese Teilstrecke besteht aus der Schlauchleitung (B-Druckschläuche) zwischen der Feuerlöschkreiselpumpe und dem Verteiler und den Schlauchleitungen (B- und/oder C-Druckschläuche) zwischen dem Verteiler und den Strahlrohren oder aus der Schlauchleitung (B-Druckschläuche) zwischen der Feuerlöschkreiselpumpe und einem transportablen Löschwasserbehälter.

5.3 Einfache und lange Förderstrecken

In Abhängigkeit von der Entfernung zwischen einer Löschwasserentnahmestelle und der Abgabestelle sowie der Anzahl der benötigten Feuerlöschkreiselpumpen werden die Förderstrecken in einfache und in lange Förderstrecken unterteilt.

Bei einer **einfachen Förderstrecke** schließt sich an die Teilstrecke Wasserentnahme eine Teilstrecke Wasserabgabe an. Von der Feuerlöschkreiselpumpe wird das Löschwasser über eine Schlauchleitung (B-Druckschläuche) direkt zum Verteiler und von dort über die Schlauchleitungen (B- und/oder C-Druckschläuche) bis zu den Strahlrohren gefördert. Für diese Förderstrecke wird somit nur eine Feuerlöschkreiselpumpe benötigt.

Bei einer **langen Förderstrecke** schließt sich an die Teilstrecke Wasserentnahme mindestens eine Teilstrecke Feuerwehrpumpen an (Pumpreihenschaltung), die am Ende durch eine Teilstrecke Wasserabgabe ergänzt wird. Für diese Förderstrecke werden eine entsprechend große Anzahl verlegter Druckschläuche und mehrere in Reihe hintereinander geschaltete Feuerlöschkreiselpumpen benötigt.

6 Entnahme von Löschwasser

Das an einer Einsatzstelle benötigte Löschwasser wird von den Feuerwehren entweder auf Löschfahrzeugen mitgeführt oder aus Löschwasserentnahmestellen entnommen. Zu Beginn eines Einsatzes erfolgt die Entnahme von Löschwasser üblicherweise aus den eingebauten Löschwasserbehältern der Löschfahrzeuge und im weiteren Einsatzverlauf aus Hydranten im unmittelbaren Bereich der Einsatzstelle.

Abbildung 39: Entnahme von Löschwasser aus einem Unterflurhydranten (Quelle: Dennis Altenhofen, Feuerwehrforum Wiesbaden112.de)

Sollte die so entnommene Löschwassermenge für die jeweilige Brandbekämpfung nicht ausreichen, zum Beispiel beim Einsatz von mehreren Strahlrohren oder von Wasserwerfern, müssen die Feuerwehren auf weiter entfernt liegende Hydranten und/oder zusätzliche Löschwasservorräte zurückgreifen. Dazu können zum Beispiel Löschwasserteiche, -brunnen und -behälter oder auch natürliche beziehungsweise künstliche offene Gewässer genutzt werden. Wenn diese nicht in unmittelbarer Nähe der Einsatzstelle zur Verfügung stehen, muss das Löschwasser im Pendelverkehr mit wasserführenden Fahrzeugen und/oder durch die Verlegung von Schlauchleitungen über größere Entfernungen zur Einsatzstelle gefördert werden *(siehe Kapitel 9)*.

6.1 Entnahme aus Löschfahrzeugen

Für die Einleitung einer Brandbekämpfung oder für eine Brandbekämpfung, bei der nur einzelne Strahlrohre eingesetzt werden müssen, ist die Entnahme von Löschwasser aus dem Löschwasserbehälter eines einzelnen Löschfahrzeuges oftmals ausreichend. Dieser Löschwasservorrat ist schnell und ortsunabhängig verfügbar, jedoch in der Menge begrenzt. Das Nachführen von weiteren Löschfahrzeugen – vor allem von Tanklöschfahrzeugen – kann auch für eine Brandbekämpfung mit mehreren Strahlrohren ausreichend sein und die Einsatzkräfte gegebenenfalls vom aufwendigen Aufbau einer Löschwasserförderung über Schlauchleitungen entlasten.

Tabelle 7: Inhalt der Löschwasserbehälter genormter Löschfahrzeuge

Fahrzeugtyp	Inhalt des Löschwasserbehälters
Kleinlöschfahrzeug KLF	• mindestens 500 Liter
Tragkraftspritzenfahrzeug TSF	• ---
Tragkraftspritzenfahrzeug TSF-W	• mindestens 500 Liter oder • maximal 750 Liter
Mittleres Löschfahrzeug MLF	• mindestens 600 Liter oder • maximal 1000 Liter
Löschgruppenfahrzeug LF 10	• 1200 Liter
Löschgruppenfahrzeug HLF 10	• 1000 Liter
Löschgruppenfahrzeug LF 20	• 2000 Liter
Löschgruppenfahrzeug HLF 20	• 1600 Liter
Löschgruppenfahrzeug LF 20 KatS	• mindestens 1000 Liter
Tanklöschfahrzeug TLF 2000	• mindestens 1000 Liter oder • mindestens 1800 Liter [1)]
Tanklöschfahrzeug TLF 3000	• mindestens 3000 Liter
Tanklöschfahrzeug TLF 4000	• mindestens 4000 Liter
1) Bei einem Fahrzeug mit besonders kompaktem Fahrgestell	

6.2 Entnahme aus Hydranten

Bei den meisten Einsätzen der Feuerwehr wird das benötigte Löschwasser über Unterflurhydranten (mit Standrohr) oder Überflurhydranten aus den Rohrnetzen der öffentlichen Trinkwasserversorgung entnommen. Das Löschwasser wird durch B-Druckschläuche (gegebenenfalls auch als Doppelleitung) und über ein angekuppeltes Sammelstück dem Saugeingang einer Feuerlöschkreiselpumpe zugeführt und von dort mit erhöhtem Druck zur Einsatzstelle weitergefördert.

6.2.1 Leistungsfähigkeit der Hydranten

Für einen wirksamen Einsatz ist es erforderlich, dass eine ausreichende Löschwassermenge mit ausreichendem Druck über die jeweiligen Hydranten entnommen werden kann. Anhand der Hinweisschilder für Unterflurhydranten beziehungsweise den in entsprechenden Rohrnetzplänen angegebenen Durchmessern der Rohrleitungen lässt sich die Leistungsfähigkeit der Hydranten mit den folgenden Faustformeln überschlägig berechnen:

Entnahme von Löschwasser aus Unterflurhydranten

Rohrleitungsdurchmesser in Millimeter x 10 ergibt die Wasserlieferung in Liter pro Minute

Entnahme von Löschwasser aus Überflurhydranten

Rohrleitungsdurchmesser in Millimeter x 15 ergibt die Wasserlieferung in Liter pro Minute

Aus diesen Berechnungen ergeben sich durchaus günstige Werte, zum Beispiel bei einem Rohrleitungsdurchmesser von 100 Millimeter und der Entnahme aus einem Unterflurhydranten etwa 1000 Liter pro Minute und bei einem Rohrleitungsdurchmesser von 150 Millimeter und der Entnahme aus einem Überflurhydranten etwa 2250 Liter pro Minute.

Werden jedoch praktische Messungen vor Ort durchgeführt, ergibt sich oft ein völlig anderes Bild der Leistungsfähigkeit der Hydranten. Oftmals kann aus den Rohrnetzen der öffentlichen Trinkwasserversorgung nur sehr viel weniger, manchmal aber auch mehr Wasser entnommen werden. Die aus einem Hydranten entnehmbare Wassermenge ist letztlich abhängig

- von der Art des Rohrnetzes (Ringleitungssystem und/oder Verästelungssystem),
- vom Durchmesser der Versorgungs- und Anschlussleitungen im Rohrnetz (200er-Leitungen, 100er-Leitungen, ...),
- vom Druck im Rohrnetz (unterschiedliche Druckzonen im Versorgungsgebiet),
- vom Zustand des Rohrnetzes (Ablagerungen in den Rohrleitungen, die zur Querschnittsverringerung führen, ...),
- vom allgemeinen Wasserverbrauch im Versorgungsgebiet (unterschiedliche Abgabemengen und -spitzen im Tagesverlauf, ...) sowie
- von der Art und der Größe der Hydranten (Unterflurhydranten, Überflurhydranten).

6.2.2 Grundsätze der Entnahme aus Hydranten

Das Vorgehen bei der Entnahme von Löschwasser aus Hydranten wird ausführlich in der Feuerwehr-Dienstvorschrift FwDV 1 „Grundtätigkeiten – Lösch- und Hilfeleistungseinsatz“, beschrieben. Hinweise für eine fachgerechte Inbetriebnahme liefert auch das DVGW-Merkblatt W 331 „Auswahl, Einbau und Betrieb von Hydranten“. Durch Einhaltung der darin beschriebenen Vorgaben soll gewährleistet werden, dass es zu keinen Schäden an den Hydranten und zu keiner Verunreinigung des Trinkwassers kommt.

Hinweis: Es ist unbedingt zu beachten, dass eine Löschwasserentnahme aus Hydranten nur mit Druckschläuchen erfolgen darf. Der Anschluss von Saugleitungen, zum Beispiel eine A-Saugleitung am A-Druckabgang eines Überflurhydranten, ist grundsätzlich unzulässig, da durch den Saugvorgang Schäden am Rohrnetz entstehen können.

6.2.3 Trinkwasserschutz

Wird das Löschwasser über Hydranten aus dem Rohrnetz der öffentlichen Trinkwasserversorgung entnommen, muss verhindert werden, dass Wasser zurückfließt, wenn der Druck im Rohrnetz niedriger als in den verlegten Schlauchleitungen ist. Ursache hierfür können zum Beispiel Druckstöße in den verlegten Schlauchleitungen sein, die bei einem zu schnellen Schließen von Armaturen, Strahlrohren oder Ventilen entstehen. Zum Schutz vor Verunreinigung des Trinkwassers muss von den Feuerwehren deshalb ein mobiler Systemtrenner B-FW verwendet werden, der direkt am Standrohr beziehungsweise am Überflurhydrant in die verlegte Schlauchleitung eingekuppelt wird *(siehe hierzu Kapitel 4.6.3)*.

6.3 Entnahme aus sonstigen Wasservorräten

Ist die Löschwasserentnahme aus dem Rohrnetz der öffentlichen Trinkwasserversorgung hinsichtlich der Menge oder des Druckes für die Brandbekämpfung nicht ausreichend, müssen die Feuerwehren im Einsatzverlauf auf sonstige Wasservorräte zurückgreifen, die unabhängig von der öffentlichen Trinkwasserversorgung sind, zum Beispiel auf natürliche oder künstliche offene Gewässer, Löschwasserteiche, Löschwasserbrunnen oder unterirdische Löschwasserbehälter. Die Löschwasserentnahme erfolgt dann über Feuerlöschkreiselpumpen im Saugbetrieb unmittelbar aus einem offenen Gewässer oder aus entsprechend eingerichteten Löschwasserentnahmestellen über Löschwasser-Sauganschlüsse.

6.3.1 Saugbetrieb

Im Saugbetrieb werden das Pumpengehäuse der Feuerlöschkreiselpumpe und die im Wasser eingetauchte Saugleitung durch die zuschaltbare Entlüftungseinrichtung der Feuerlöschkreiselpumpe entlüftet. Durch die Einwirkung des äußeren Luftdrucks füllt sich die Saugleitung und das Pumpengehäuse anschließend fortlaufend mit Wasser, das dann von der Feuerlöschkreiselpumpe weitergefördert wird.

■ Luftdruck

Die Erde ist von einer Lufthülle (Atmosphäre) umgeben, die aufgrund ihrer Masse einen statischen Druck auf die Erdoberfläche ausübt, der als atmosphärischer Luftdruck bezeichnet wird. In Meereshöhe (NN – Normalnull) beträgt dieser Luftdruck 1013 Hektopascal (hPa). Der tatsächliche vor Ort vorherrschende Luftdruck wird jedoch immer durch die über der jeweiligen Messstelle liegenden Luftmassen bestimmt und wird, je nach geographischer Höhenlage, unterschiedliche Werte einnehmen. So nimmt der Luftdruck mit zunehmender Höhenlage beständig ab, da er dann nur noch von den Luftmassen erzeugt wird, die über der Messstelle liegen.

■ Entlüften

Zunächst besteht innerhalb und außerhalb der Saugleitung und des Pumpengehäuses einer Feuerlöschkreiselpumpe immer der gleiche Luftdruck – es besteht ein Gleichgewicht. Durch die Entlüftungseinrichtung der Feuerlöschkreiselpumpe wird dann – vereinfacht ausgedrückt – der größte Teil der Luft aus der angekuppelten Saugleitung und dem Pumpengehäuse der Feuerlöschkreiselpumpe „entfernt" und nach außen ins Freie gefördert. Da der Saugkorb im Wasser liegt, kann keine Luft nachströmen. Dadurch verringert sich der Luftdruck in der Saugleitung und im Pumpengehäuse – das Gleichgewicht innerhalb und außerhalb wird verändert. Durch den außerhalb der Saugleitung auf die Wasseroberfläche einwirkenden höheren Luftdruck wird das umgebende Wasser dann in die Saugleitung und das Pumpengehäuse nach oben gedrückt (nicht gesaugt!), bis das Gleichgewicht zwischen innen und außen wiederhergestellt ist.

6.3.2 Saughöhen

Da sich die Wasseroberfläche an einer Entnahmestelle und die Pumpenmitte einer Feuerlöschkreiselpumpe nicht auf gleicher Höhe befinden, besteht bei einer Wasserentnahme im Saugbetrieb immer ein Höhenunterschied, der vom zu fördernden Wasser zunächst „überwunden" werden muss.

Theoretische Saughöhe

Die theoretische Saughöhe beträgt bei einem Luftdruck von 1013 Hektopascal (auf Meereshöhe) und einer Wassertemperatur von 4 Grad Celsius (größte Dichte des Wassers) genau **10,33 Meter**. Der auf die Wasseroberfläche einwirkende Luftdruck ist somit theoretisch in der Lage, das Wasser in einer vollständig luftleeren Saugleitung maximal 10,33 Meter hochzudrücken. Die theoretische Saughöhe wird jedoch durch äußere Einwirkungen beeinflusst, durch die Wetterlage (steigender oder fallender Luftdruck), die Höhenlage (unterschiedlicher Luftdruck in unterschiedlichen Höhen) und die Wassertemperatur (unterschiedliche Dichte).

Praktische Saughöhe

Die praktische Saughöhe, die im Saugbetrieb mit einer Feuerlöschkreiselpumpe erreicht werden kann, ergibt sich aus der theoretischen Saughöhe, abzüglich bestimmter innerer Einwirkungen, wie Undichtigkeiten an Saugschläuchen, Pumpenarmaturen und Kupplungen sowie durch Reibung in der Saugleitung, im Saugkorb und in den Pumpenarmaturen. Die erreichbare praktische Saughöhe beträgt deshalb nur etwa **8,00 Meter**.

Geodätische Saughöhe

Die geodätische Saughöhe ($H_{S\,geo}$) ist der messbare senkrechte Abstand zwischen der saugseitigen Wasseroberfläche und der Pumpenmitte (Mitte der Laufradwelle) der Feuerlöschkreiselpumpe, gemessen in Metern. Sie ist somit unabhängig vom Verlauf und der Länge der verlegten Saugleitung.

Die geodätischen Saughöhe kann sich im Verlauf einer Löschwasserentnahme ändern, wenn zum Beispiel die saugseitige Wasseroberfläche durch Zulauf ansteigt (die geodätischen Saughöhe nimmt ab) oder durch die Löschwasserentnahme nach und nach abnimmt (die geodätischen Saughöhe nimmt zu). Außerdem ist sie von der Art der verwendeten Feuerlöschkreiselpumpe (Fahrzeugeinbaupumpe oder Tragkraftspritze) abhängig, das heißt, von der Lage der jeweiligen Pumpenmitte (Mitte der Laufradwelle).

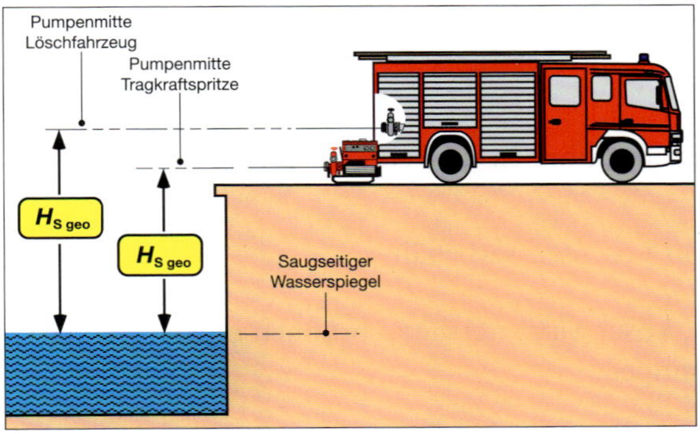

Abbildung 40: Geodätische Saughöhe in Abhängigkeit von der Art der Feuerlöschkreiselpumpe (Quelle: Freynik, de Vries; aus de Vries et al. Wasserförderung über lange Wegestrecke, Landsberg 2004)

Bei der Aufstellung der Löschfahrzeuge beziehungsweise der Tragkraftspritzen an einer Löschwasserentnahmestelle ist darauf zu achten, dass ein möglichst geringer Abstand zwischen der Pumpenmitte der Feuerlöschkreiselpumpe und der saugseitigen Wasseroberfläche und somit eine geringe und weniger nachteilige geodätische Saughöhe erreicht wird, da mit zunehmender geodätischer Saughöhe die Leistung einer Feuerlöschkreiselpumpe deutlich abfällt.

Während zum Beispiel eine Tragkraftspritze PFPN 10-1000 bei einer geodätischen Saughöhe von 3,00 Meter, bei Nenndrehzahl und Nennförderdruck einen Förderstrom von 1000 Liter pro Minute erreicht, sind es bei einer geodätischen Saughöhe von 7,50 Meter, bei Nenndrehzahl und Nennförderdruck nur noch 500 Liter pro Minute *(siehe hierzu Tabelle 4)*.

■ Manometrische Saughöhe

Die manometrische Saughöhe setzt sich aus der geodätischen Saughöhe zuzüglich der Summe aller Saughöhenverluste zusammen und ist bei der Wasserförderung größer als die tatsächlich vorliegende geodätische Saughöhe. Sie kann bei laufender Wasserförderung aus der Anzeige am Eingangsdruckmessgerät der Feuerlöschkreiselpumpe abgeleitet werden. Eine Anzeige von zum Beispiel minus 0,5 Bar (roter Skalenbereich) entspricht einer manometrischen Saughöhe von etwa 5,00 Meter.

6.4 Selbstkontrolle und Testfragen

(Lösungen siehe Seite 104)

1. Aus welchen Entnahmestellen können die Feuerwehren Löschwasser entnehmen?

a) Aus Löschfahrzeugen mit Löschwasserbehälter.
b) Aus Hydranten.
c) Aus offenen Gewässern, Löschwasserteichen, -brunnen oder -behältern.
d) Aus Feuerlöschkreiselpumpen.

2. Welche Aussagen über das Entlüften sind zutreffend?

a) Zunächst besteht innerhalb und außerhalb der Saugleitung und des Pumpengehäuses immer der gleiche Luftdruck.
b) Durch Entlüften wird Luft aus der angekuppelten Saugleitung und dem Pumpengehäuse der Feuerlöschkreiselpumpe entfernt.
c) Durch den auf die Wasseroberfläche einwirkenden Luftdruck wird Wasser in die Saugleitung und das Pumpengehäuse gedrückt.

3. Welche Faustformel gilt bei der Wasserentnahme aus Hydranten?

a) Unterflurhydrant: Rohrleitungsdurchmesser in Millimeter × 10 = Wasserlieferung in Liter pro Minute.
b) Unterflurhydrant: Rohrleitungsdurchmesser in Millimeter × 15 = Wasserlieferung in Liter pro Minute.
c) Überflurhydrant: Rohrleitungsdurchmesser in Millimeter × 20 = Wasserlieferung in Liter pro Minute.

4. Welche Saughöhen werden unterschieden?

a) Die normale Saughöhe von 10,00 Meter.
b) Die theoretische Saughöhe von 10,33 Meter.
c) Die praktische Saughöhe von etwa 8,00 Meter.
d) Die geodätische Saughöhe von maximal 7,50 Meter.
e) Die geodätische Saughöhe.

7 Fortleitung von Löschwasser

Nach der Entnahme von Löschwasser aus dem Löschwasserbehälter eines Löschfahrzeuges, aus einem Hydranten oder aus sonstigen Wasservorräten wird das Löschwasser über die einzelnen Abschnitte der Förderstecke bis zur Einsatzstelle gefördert.

Abbildung 41: Fortleitung von Löschwasser mit einer Tragkraftspritze (Quelle: Michael Ehresmann, Feuerwehrforum Wiesbaden112.de)

Für die Fortleitung von Löschwasser wird eine Förderstrecke in geschlossener oder offener Schaltreihe aufgebaut, die aus Schlauchleitungen (üblicherweise B-Druckschläuche), Armaturen und Feuerlöschkreiselpumpen besteht. Die Feuerlöschkreiselpumpen erzeugen den für die Fortleitung des Löschwassers erforderlichen Druck, der benötigt wird, um Druckverluste durch Reibung in den Schlauchleitungen auszugleichen, Höhenunterschiede im Verlauf der Förderstrecke zu überwinden, innerhalb der Förderstrecke Druck an Pumpeneingängen bereitzustellen und am Ende der Förderstrecke einen ausreichenden Strahlrohrdruck zu erzeugen.

7.1 Förderstrom

Mit den Feuerlöschkreiselpumpen wird eine bestimmte festgelegte Löschwassermenge als Förderstrom durch die Schlauchleitungen gefördert. Der Förderstrom (Q) ist die Löschwassermenge (angegeben in Liter), die innerhalb einer bestimmten Zeiteinheit (angegeben in Minute) durch eine Schlauchleitung gefördert wird. Er kann nicht abgelesen werden, sondern ergibt sich aus der Anzahl und Größe der tatsächlich eingesetzten Strahlrohre und dem jeweiligen Volumenstrom dieser Strahlrohre *(siehe Tabelle 1)*. Der Förderstrom wird bei der Entnahme von Löschwasser aus dem Rohrnetz der öffentlichen Trinkwasserversorgung durch die Wasserlieferung des Hydranten und bei der Entnahme von Löschwasser aus sonstigen Wasservorräten durch die Saughöhe begrenzt. Er wird durch die Veränderung des Volumenstroms der Strahlrohre erhöht, nur unwesentlich durch die Erhöhung des Strahlrohrdruckes. Werden an Mehrzweckstrahlrohren die Mundstücke abgenommen, an Hohlstrahlrohren höhere Durchflussmengen eingestellt, zusätzliche Strahlrohre vorgenommen oder ein C-Rohr durch ein B-Rohr ersetzt, vergrößert sich der Förderstrom entsprechend.

Der Nennförderstrom (Q_N) ist der festgelegte Förderstrom, den eine genormte Feuerlöschkreiselpumpe bei Nennförderdruck, bei Nenndrehzahl und bei einer geodätischer Nennsaughöhe von 3,00 Meter aufbringen muss, zum Beispiel bei einer Feuerlöschkreiselpumpe FPN 10-1000 gleich 1000 Liter pro Minute *(siehe Tabelle 4)*.

7.2 Eingangsdruck

Der Eingangsdruck (p_e) ist der Druck unmittelbar am Saugeingang der Feuerlöschkreiselpumpe, angezeigt als manometrischer Druck durch das Eingangsdruckmessgerät. Der rote Skalenbereich zeigt den Eingangsdruck im Saugbetrieb als negativen Wert (Anzeigebereich: 0 bis minus 1,0 Bar) an, der schwarze Skalenbereich den Eingangsdruck bei der Wasserzuführung über Druckschläuche als positiven Wert (Anzeigebereich: 0 bis 25 Bar) an.

Wird das Löschwasser einer Feuerlöschkreiselpumpe über Schlauchleitungen aus einem Hydranten oder von einer anderen Feuerlöschkreiselpumpe zugeführt, sollte der Eingangsdruck mindestens 1,5 Bar betragen. Käme das Löschwasser nahezu drucklos an der Feuerlöschkreiselpumpe an, würde der äußere Luftdruck die ankommende Schlauchleitung gegebenenfalls zusammendrücken und der Wasserfluss käme somit zum Stillstand.

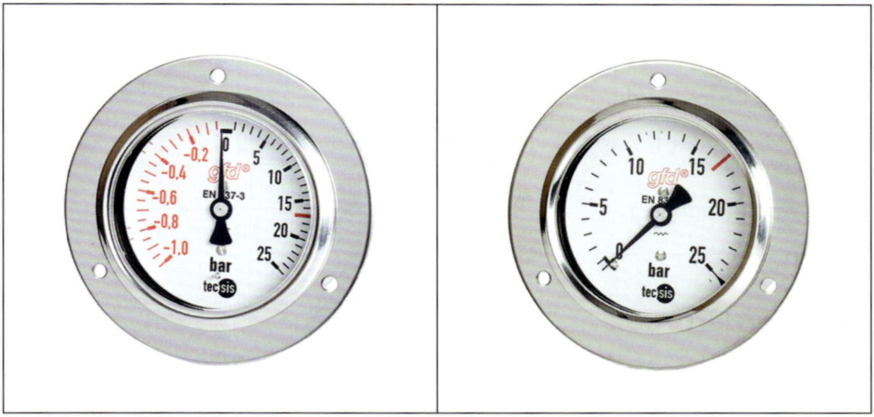

Abbildung 42: Eingangs- und Ausgangsdruckmessgerät (Quelle: Gemeinschaft Feuerwehrfachhandel Deutschland – gfd® GmbH, Ludwigsfelde)

7.3 Ausgangsdruck

Der Ausgangsdruck (p_a) ist der Druck unmittelbar an den B-Druckausgängen einer Feuerlöschkreiselpumpe, angezeigt als manometrischer Druck durch das Ausgangsdruckmessgerät (Anzeigebereich 0 bis 25 Bar). Es ist der Druck, mit dem das Löschwasser die Feuerlöschkreiselpumpe verlässt und der für die Weiterförderung des Wassers genutzt wird. Der Ausgangsdruck muss immer so groß sein, dass alle danach auftretenden Druckverluste durch Reibung oder Höhenzunahme überwunden werden und ein entsprechender Eingangsdruck an der nächsten Feuerlöschkreiselpumpe beziehungsweise ein ausreichender Strahlrohrdruck erzeugt wird.

Bei der Förderung von Löschwasser über eine lange Förderstrecke kann der Ausgangsdruck 10 bar betragen. Dies entspricht dem Nennförderdruck der Feuerlöschkreiselpumpen gemäß DIN EN 1028 (*siehe Tabelle 3*). Bekommt eine Feuerlöschkreiselpumpe das Löschwasser mit einem bestimmten Eingangsdruck (p_e) zugeführt, kann dieser Eingangsdruck dem Förderdruck (p) zugerechnet werden. Das Wasser verlässt die Feuerlöschkreiselpumpe dann mit einem entsprechenden Ausgangsdruck (p_a). Beispiel:

Feuerlöschkreiselpumpe	FPN 10-1000
Eingangsdruck an der Pumpe	p_e = 2 bar
Förderdruck der Pumpe	p = 10 bar
Ausgangsdruck (p_a)	$p_e + p = p_a$
	2 bar + 10 bar = **12 bar**

7.4 Förderdruck

Der Förderdruck *(p)* ist der errechnete Druck, der durch die Leistungsfähigkeit der Feuerlöschkreiselpumpe erzeugt wird, erkennbar am Unterschied zwischen dem angezeigten Ausgangsdruck und Eingangsdruck. Die Größe des Förderdrucks ist abhängig vom Betriebszustand der Feuerlöschkreiselpumpe. So kann eine Feuerlöschkreiselpumpe FPN 10-1000 einen Förderstrom von 1000 Liter pro Minute mit einem Förderdruck von bis zu 10 Bar weiterfördern. Bekommt eine Feuerlöschkreiselpumpe das Löschwasser unter einem bestimmten Eingangsdruck (p_e) zugeführt, kann zusammen mit dem angezeigten Ausgangsdruck (p_a) der jeweils vorliegende Förderdruck (p) berechnet werden. Dazu folgendes Beispiel:

Feuerlöschkreiselpumpe	FPN 10-1000
Eingangsdruck an der Pumpe	p_e = 2 bar
Ausgangsdruck der Pumpe	p_a = 10 bar
Förderdruck (p)	$p_a - p_e = p$
	10 bar – 2 bar = **8 bar**

Der Nennförderdruck (p_N) ist der festgelegte Förderdruck, den eine Feuerlöschkreiselpumpe bei einer bestimmten Nenndrehzahl und einer festgelegten geodätischer Saughöhe für den Nennförderstrom aufbringen muss. Bei einer Feuerlöschkreiselpumpe FPN 10-1000 beträgt der Nennförderdruck zum Beispiel 10 Bar *(siehe Tabelle 3)*.

7.5 Druckverlust durch Reibung

Der Druckverlust durch Reibung (p_R) entsteht durch die innere Reibung im Löschwasser und durch die Reibung des Löschwassers an der Schlauchinnenwandung, wenn das Löschwasser eine Schlauchleitung durchströmt. Der Druckverlust durch Reibung ist abhängig vom Durchmesser der Schläuche, der Länge der Schlauchleitung und dem jeweiligen Förderstrom.

- **Durchmesser der Schläuche:** Je kleiner der Durchmesser ist, umso größer ist bei gleichem Förderstrom der Druckverlust durch Reibung. Dazu folgende Beispiele, bezogen auf eine Schlauchlänge von 100 Meter:

Tabelle 8: Druckverlust in Abhängigkeit vom Durchmesser der Schläuche

Durchmesser der Schläuche		Förderstrom (Q)	Druckverlust (p_R)
B 75	75 mm	600 L/min	0,6 bar
C 52	52 mm	600 L/min	4,8 bar
C 42	42 mm	600 L/min	20,0 bar

- **Länge der Schlauchleitung:** Je größer die Länge einer Schlauchleitung ist, umso größer ist bei gleichem Förderstrom der Druckverlust durch Reibung. Dabei gilt die Regel: Doppelte Länge der Schlauchleitung = doppelter Druckverlust durch Reibung.
- **Förderstrom:** Je mehr Löschwasser durch eine Schlauchleitung gefördert wird, umso größer ist der Druckverlust durch Reibung. Dabei gilt die überschlägige Regel: Doppelter Förderstrom = vierfacher Druckverlust durch Reibung. Dazu folgende Beispiele, bezogen auf eine Schlauchlänge von jeweils 100 Meter:

Tabelle 9: Druckverlust in Abhängigkeit vom Förderstrom

Förderstrom (Q)	**Druckschlauch B 75**	**Druckschlauch C 52**	**Druckschlauch C 42**
400 L/min	0,3 bar	2,0 bar	8,8 bar
500 L/min	0,5 bar	3,3 bar	13,8 bar
600 L/min	0,7 bar	4,8 bar	20,0 bar
700 L/min	0,9 bar	6,5 bar	
800 L/min	1,1 bar [1)]	8,5 bar	
1000 L/min	1,7 bar	13,5 bar	
1200 L/min	2,5 bar	20,0 bar	
1600 L/min	4,5 bar		

1) Für die Berechnung von Förderstrecken wird vereinfacht 1,0 Bar verwendet.

Je größer also der Förderstrom in einer bestimmten Schlauchleitung ist, umso größer ist der Druckverlust durch Reibung. Dazu die folgenden Beispiele:

Verwendete Druckschläuche	30 × B 75, Länge je 20 m
Länge der Schlauchleitung	E = 600 m
Förderstrom	Q = 600 L/min
Druckverlust durch Reibung	p_R = 0,7 Bar / 100 m
Druckverlust durch Reibung ($p_{R\ gesamt}$)	$p_R \times E : 100 = p_{R\ gesamt}$
	0,7 bar × 600 m : 100 m = **4,2 bar**

Verwendete Druckschläuche	30 × B 75, Länge je 20 m
Länge der Schlauchleitung	E = 600 m
Förderstrom	Q = 1200 L/min
Druckverlust durch Reibung	p_R = 2,5 Bar / 100 m
Druckverlust durch Reibung ($p_{R\ gesamt}$)	$p_R \times E : 100 = p_{R\ gesamt}$
	2,5 bar × 600 m : 100 m = **15 bar**

Um den Druckverlust durch Reibung bei großen Förderströmen zu verringern, besteht die Möglichkeit, statt einfacher Schlauchleitungen jeweils doppelte Schlauchleitungen parallel zu verlegen und den Förderstrom somit aufzuteilen. Diese doppelten Schlauchleitungen werden über Sammelstücke an den Feuerlöschkreiselpumpen zusammengeführt und angeschlossen. Während der Druckverlust durch Reibung bei einem Förderstrom von beispielsweise 1200 Liter pro Minute in einer B-Schlauchleitung insgesamt 2,5 Bar je 100 Meter Schlauchleitung beträgt, wird der Förderstrom beim Verlegen einer doppelten B-Schlauchleitung auf je 600 Liter pro Minute aufgeteilt. Der Druckverlust durch Reibung beträgt dann je 100 Meter Schlauchleitung nur noch 0,7 bar.

7.6 Druckverlust/-gewinn durch Höhenunterschiede

Der Druckverlust beziehungsweise der Druckgewinn durch Höhenunterschiede (p_{geo}) innerhalb einer Förderstrecke, ist der Druck, der zur Überwindung von Höhenunterschieden (H_{geo}) im Gelände oder in Gebäuden (Löschwasseranlagen) entsteht. Er beträgt je 10 Meter Höhenunterschied 1 Bar. Bei einer Höhenzunahme (einer Steigung), bei der das Löschwasser hochgedrückt werden muss, ergibt sich ein Druckverlust, bei einer Höhenabnahme (einem Gefälle), bei der das Fließen des Löschwassers zusätzlich unterstützt wird, ergibt sich ein Druckgewinn. Da die Höhenunterschiede in Meter angegeben werden, müssen sie für die Berechnungen einer Förderstrecke zunächst in Druckangaben umgewandelt werden. Dies erfolgt vereinfacht mit der Gleichung: $p_{geo} = H_{geo} \times 1 \text{ bar} : 10 \text{ m}$.

7.7 Strahlrohrdruck

Der Strahlrohrdruck (p_{Str}) ist der Druck, der an den Strahlrohren anstehen muss, um einen löschwirksamen Wasserstrahl mit entsprechender Wurfweite und Eindringvermögen zu erzeugen. Bei den Berechnungen für die Löschwasserförderung wird dieser Druck für alle Strahlrohrgrößen bei der Verwendung von Mehrzweckstrahlrohren auf 5 Bar und bei der Verwendung von Hohlstrahlrohren auf 6 Bar festgelegt.

Der Strahlrohrdruck muss mindestens am Verteiler anliegen. Für die verbleibende Strecke zwischen dem Verteiler und den Strahlrohren kann in der Praxis vereinfacht auch 1 Bar berechnet werden.

7.8 Verfügbarer Druck

Der verfügbare Druck (p_v) ist der errechnete Druck innerhalb einer Förderstrecke, der sich aus dem Druckangebot der Feuerlöschkreiselpumpen ergibt, das heißt, aus dem Ausgangsdruck (p_a) und dem Druckbedarf, entweder als Eingangsdruck (p_e) an der nächsten Feuerlöschkreiselpumpe oder als notwendiger Strahlrohrdruck (p_{Str}). Zieht man vom Ausgangsdruck den Eingangsdruck beziehungsweise den Strahlrohrdruck ab, verbleibt der jeweils verfügbare Druck. Dieser ist dann für die Überwindung von Strecken (Druckverluste durch Reibung) und von Höhenunterschieden (Druckverlust durch Höhenzunahme) nutzbar. Dazu die folgenden Beispiele:

Ausgangsdruck der Pumpe	p_a = 10 bar
Eingangsdruck an der nächsten Pumpe	p_e = 1,5 bar
verfügbarer Druck (p_v)	$p_a - p_e = p_v$
	10 bar – 1,5 bar = **8,5 bar**

Ausgangsdruck der Pumpe	p_a = 10 bar
Eingangsdruck an der nächsten Pumpe	p_e = 1,5 bar
Höhenanstieg	H_{geo} = 30 m → p_{geo} = 3 bar
verfügbarer Druck (p_v)	$p_a - p_e - p_{geo} = p_v$
	10 bar – 1,5 bar – 3 bar = **5,5 bar**

Ausgangsdruck der Pumpe	p_a = 10 bar
Strahlrohrdruck	p_{Str} = 6 bar
verfügbarer Druck (p_v)	$p_a - p_{Str} = p_v$
	10 bar – 6 bar = **4 bar**

7.9 Berechnungen

Nachfolgend werden die Zusammenhänge in einer einfachen Förderstrecke anhand von Berechnungen beispielhaft dargestellt.

Eine Gruppe mit einem Löschgruppenfahrzeug LF 20 soll eine umfassende Brandbekämpfung durchführen. Der Gruppenführer entschließt sich zwei Hohlstrahlrohre C und ein Hohlstrahlrohr B einzusetzen. Folgende Gesichtspunkte sind dabei vom Gruppenführer zu berücksichtigen:

- Abstand zwischen Hydrant und Aufstellfläche Löschfahrzeug 80 Meter
- Ausgangsdruck am Hydrant 3 Bar
- Abstand zwischen Löschfahrzeug und Verteiler 60 Meter
- Abstand zwischen Verteiler und Strahlrohren 40 Meter

Folgende Berechnungen sind vom Gruppenführer durchzuführen:

- **Förderstrom:** zwei Hohlstrahlrohre C mit einem Volumenstrom bis jeweils 235 Liter pro Minute und ein Hohlstrahlrohr B mit einem Volumenstrom bis 750 Liter pro Minute ergeben einen maximalen Förderstrom von 1220 Liter pro Minute
- **Teilstrecke Wasserversorgung:** Der Ausgangsdruck am Hydrant von 3 Bar und der notwendige Eingangsdruck an der Feuerlöschkreiselpumpe von 1,5 Bar ergeben einen verfügbaren Druck von 1,5 bar ($p_v = p_a - p_e$).
  Eine Schlauchlänge von 80 Meter und ein Förderstrom von 1220 Liter pro Minute ergibt einen Druckverlust durch Reibung [1)] von 2,0 Bar (2,5 Bar: 100 Meter × 80 Meter), also größer als der verfügbare Druck!
  Lösung: Zwischen Hydrant und Feuerlöschkreiselpumpe wird eine Doppelleitung verlegt. Daraus ergibt sich je Schlauchleitung nur noch ein Förderstrom von 610 Liter pro Minute und somit ein Druckverlust durch Reibung [1)] von nur noch etwa 0,6 Bar (0,7 Bar: 100 Meter × 80 Meter), also kleiner als der verfügbare Druck!
- **Teilstrecke Wasserabgabe:** Eine Schlauchlänge von 60 Meter und ein Förderstrom von 1220 Liter pro Minute ergibt einen Druckverlust durch Reibung[1)] von 1,5 Bar (2,5 bar: 100 Meter × 60 Meter). Der Druck am Verteiler soll 6,0 Bar betragen. Für die Strecke zwischen Verteiler und Strahlrohren wird vereinfacht 1,0 Bar berechnet.
  Das ergibt einen Druckbedarf von 8,5 Bar, der dem Maschinisten nunmehr als Ausgangsdruck vorgegeben wird.

1) Druckverluste durch Reibung siehe Tabelle 9

7.10 Selbstkontrolle und Testfragen

(Lösungen siehe Seite 104)

1. Welche Beschreibung für den Förderstrom (Q) ist zutreffend?

a) Die Wassermenge, die pro 100 Meter durch eine Schlauchleitung strömt.
b) Die Wassermenge, die pro Minute durch eine Schlauchleitung strömt.
c) Die Wassermenge, die pro Bar durch eine Schlauchleitung strömt.
d) Die Wassermenge, die in einer Schlauchleitung strömt.

2. Welche Drücke sind bei der Förderung von Löschwasser zu berücksichtigen?

a) Der Schließdruck der jeweiligen Feuerlöschkreiselpumpe.
b) Der Eingangsdruck an der Feuerlöschkreiselpumpe.
c) Der Druckverlust durch Reibung in den Schlauchleitungen.
d) Der verfügbare Druck innerhalb der Förderstrecke.

3. Wovon ist der Druckverlust durch Reibung (p_R) abhängig?

a) Vom Durchmesser der Schläuche.
b) Von der Länge der Schlauchstrecke.
c) Vom Förderstrom.
d) Von der Art der Teilstrecke.

4. Welche Beschreibung für den verfügbaren Druck (p_V) ist zutreffend?

a) Der verfügbare Druck ist der errechnete Druck innerhalb einer Förderstrecke.
b) Der verfügbare Druck ergibt sich aus dem Ausgangsdruck abzüglich dem Eingangsdruck der nächsten Feuerlöschkreiselpumpe.
c) Der verfügbare Druck ergibt sich aus dem Eingangsdruck abzüglich dem Ausgangsdruck der nächsten Feuerlöschkreiselpumpe.
d) Der verfügbare Druck ist für die Überwindung von Druckverlusten durch Reibung und Druckverlusten durch Höhenzunahme nutzbar.

8 Abgabe von Löschwasser

Nach der Förderung einer bestimmten festgelegten Löschwassermenge durch die Schlauchleitungen erfolgt die Abgabe des Löschwassers an der Einsatzstelle, entweder über Strahlrohre, in den Löschwasserbehälter eines Löschfahrzeuges oder in einen transportablen Löschwasserbehälter (Faltbehälter, Abrollbehälter AB Tank, ...). Dabei ist der jeweilige Strahlrohrdruck beziehungsweise der zulässige Fülldruck für die Löschwasserbehälter der Löschfahrzeuge zu beachten. Bei der Wasserabgabe in transportable Löschwasserbehälter erfolgt die Abgabe des geförderten Löschwassers im freien Auslauf.

■ Beeinflussung durch die Art der Strahlrohre

Bei der Abgabe von Löschwasser über Strahlrohre wird die Förderung des Löschwassers unter anderem durch die unterschiedliche Art der Strahlrohre (Mehrzweckstrahlrohre oder Hohlstrahlrohre) beeinflusst. So kann bei der Verwendung von nicht mehr genormten Mehrzweckstrahlrohren üblicherweise von beständigen Förderströmen ausgegangen werden.

Abbildung 43:
Abgabe von Löschwasser über ein CM-Strahlrohr, mit abgenommenem Mundstück
(Quelle: Dennis Altenhofen, Feuerwehrforum Wiesbaden112.de)

Werden zum Beispiel über einen Verteiler zwei CM-Strahlrohre (100 Liter pro Minute) und ein BM-Strahlrohr (400 Liter pro Minute) vorgenommen, ergibt sich ein Förderstrom von 600 Liter pro Minute. Diesen Förderstrom kann ein verantwortlicher Einheitsführer für die notwendige Auslegung der Förderung des Löschwassers verwenden. Nur auf seine Weisung hin werden durch die Strahlrohrführer die Mundstücke der Strahlrohre abgenommen. Dadurch erhöht sich der Förderstrom auf maximal 1200 Liter pro Minute, mit den entsprechenden Auswirkungen auf die Löschwasserförderung, die jedoch vom Einheitsführer jeweils berücksichtigt werden können.

Bei der Verwendung von genormten Hohlstrahlrohren können sich je nach Einstellung der Volumenströme an den Hohlstrahlrohren unterschiedliche Förderströme ergeben. Werden zum Beispiel über einen Verteiler zwei C-Hohlstrahlrohre (größer 100 bis 235 Liter pro Minute) und ein B-Hohlstrahlrohr (größer 400 bis zum Beispiel 750 Liter pro Minute) vorgenommen, ergibt sich je nach Einstellung der Volumenströme durch die Strahlrohrführer ein Förderstrom, der zwischen 600 Liter pro Minute und bis zu 1220 Liter pro Minute liegen kann.

Wenn nun jeder Strahlrohrführer den Volumenstrom an seinem Hohlstrahlrohr nach eigenem Ermessen höher oder niedriger einstellt und damit der Förderstrom wesentlich verändert wird, hat das folglich auch unmittelbare Auswirkungen auf die Löschwasserförderung. Da aber weiterhin der jeweilige Einheitsführer für die Festlegung des Förderstroms und damit für die Auslegung der Löschwasserförderung zuständig ist, bedarf es verbindlicher Regeln bezüglich der Einstellung der Volumenströme an den Hohlstrahlrohren und vor allem einer entsprechenden Schulung der Strahlrohrführer.

9 Lange Förderstrecken

Ist die Entfernung zwischen einer Löschwasserentnahmestelle und der Abgabestelle so groß, dass der erzeugte Druck einer Feuerlöschkreiselpumpe für die Löschwasserförderung über diese Entfernung nicht ausreicht, ist eine Löschwasserförderung über eine lange Förderstrecke erforderlich, bei der das an der Einsatzstelle benötigte Löschwasser über mehrere in Reihe hintereinandergeschaltete Feuerlöschkreiselpumpen und über entsprechend lange Schlauchleitungen gefördert wird.

Bei der Verwendung der Feuerlöschkreiselpumpen muss berücksichtigt werden, dass mit der Einführung der DIN EN 1028 (Feuerlöschkreiselpumpen FPN) neben dem jeweiligen Nennförderstrom auch der Nennförderdruck der Feuerlöschkreiselpumpen gegenüber der vorherigen DIN 14420 (Feuerlöschkreiselpumpen FP) von 8 Bar auf 10 Bar erhöht wurde. Werden bei einer Löschwasserförderung über eine lange Förderstrecke sowohl Feuerlöschkreiselpumpen (Fahrzeugeinbaupumpen, Tragkraftspritzen) nach „alter" Norm als auch nach „neuer" Norm verwendet, richtet sich bei der Berechnung der Förderstrecke der größtmögliche Förderdruck nach der „schwächsten" Feuerlöschkreiselpumpe in der Förderstrecke.

Wird eine lange Förderstrecke vorher genau ausgemessen, berechnet und in einem Einsatzplan hinterlegt, kann festgelegt werden, welche Feuerlöschkreiselpumpe an welchem Aufstellplatz verwendet werden soll. Der höhere Nennförderdruck der Feuerlöschkreiselpumpen gemäß DIN EN 1028 kann dann für die entsprechende Vergrößerung der Abstände zwischen den Feuerlöschkreiselpumpen genutzt werden.

Hinweis: Es ist durchaus möglich, vorhandene Feuerlöschkreiselpumpen FP 8/8 oder FP 16/8 auch oberhalb ihrer Nenndrehzahl zu betreiben und somit eine ähnliche Leistung wie die Feuerlöschkreiselpumpen FPN 10-1000 oder FPN 10-2000 bei deren Nenndrehzahl zu erreichen. Dabei ist jedoch die höhere Beanspruchung (Kraftstoffverbrauch, Betriebszeit, ...) der Feuerlöschkreiselpumpen FP zu berücksichtigen.

9.1 Berechnungen

Das Ziel der Berechnungen von langen Förderstrecken ist es – ausgehend von einem aufgrund taktischer Überlegungen festgelegtem Förderstrom – die Anzahl der erforderlichen Feuerlöschkreiselpumpen und die Abstände zwischen den Feuerlöschkreiselpumpen zu ermitteln. Für die folgenden beispielhaften Berechnungen gelten die nachstehenden Vorgaben:

Verwendete Feuerlöschkreiselpumpen	FPN 10-1000
Festgelegter Förderstrom	Q = 1000 L/min
Druckverlust durch Reibung	p_R = 1,7 bar / 100 m
Ausgangsdruck der Pumpen	p_a = 10 bar
Eingangsdruck an den Pumpen	p_e = 1,5 bar
Verfügbarer Druck zwischen den Pumpen	p_v = 8,5 bar
Entfernung erste Pumpe – letzte Pumpe	E = 1200 m
Höhenzunahme erste Pumpe – letzte Pumpe	H_{geo} = 40 m

9.1.1 Anzahl der erforderlichen Feuerlöschkreiselpumpen

Davon ausgehend, dass die Löschwasserentnahmestelle und somit der Aufstellplatz der ersten Feuerlöschkreiselpumpe (Teilstrecke Wasserentnahme) als auch der Aufstellplatz der letzten Feuerlöschkreiselpumpe an der Einsatzstelle (Teilstrecke Wasserabgabe) bekannt sind, kann die Anzahl der darüber hinaus erforderlichen Feuerlöschkreiselpumpen für die verbleibende Teilstrecke rechnerisch ermittelt werden. Dazu wird zunächst der gesamte Druckverlust ($p_{v\ gesamt}$) für diese Strecke berechnet, der sich aus dem Druckverlust durch Reibung und dem Druckverlust durch Höhenzunahme ergibt.

Druckverlust durch Reibung	p_R : 100 m × E = $p_{R\ gesamt}$
	1,7 bar : 100 m × 1200 m = 24 bar
Druckverlust durch Höhenzunahme	H_{geo} : 10 m × 1 bar = p_{geo}
	40 m : 10 m × 1 bar = 4,0 bar

gesamter Druckverlust	$p_R + p_{geo} = p_{v\ gesamt}$	
	20,4 bar + 4 bar = **24,4 bar**	

Der maximal verfügbare Druck zwischen zwei Feuerlöschkreiselpumpen von 8,5 Bar reicht somit nicht aus, um den gesamten Druckverlust in der Teilstrecke zwischen der ersten und der letzten Feuerlöschkreiselpumpe der Förderstrecke zu überwinden. Wird der gesamte Druckverlust durch diesen verfügbaren Druck geteilt, ergibt sich daraus die Anzahl der dafür erforderlichen Feuerlöschkreiselpumpen.

rechnerische Anzahl der Pumpen	$p_{v\ gesamt} : p_v = p_{FP}$
	24,4 bar : 8,5 bar = 2,87
praktische Anzahl der Pumpen	n_{FP} = **3** (aufgerundet)

Somit werden für die Förderung des Löschwassers in dieser beispielhaften Berechnung insgesamt drei Feuerlöschkreiselpumpen benötigt, das heißt, neben der ersten Feuerlöschkreiselpumpe an der Löschwasserentnahmestelle müssen zwei zusätzliche Feuerlöschkreiselpumpen in die Förderstrecke eingebaut werden. Daraus ergibt sich das folgende vereinfachte Schaltbild:

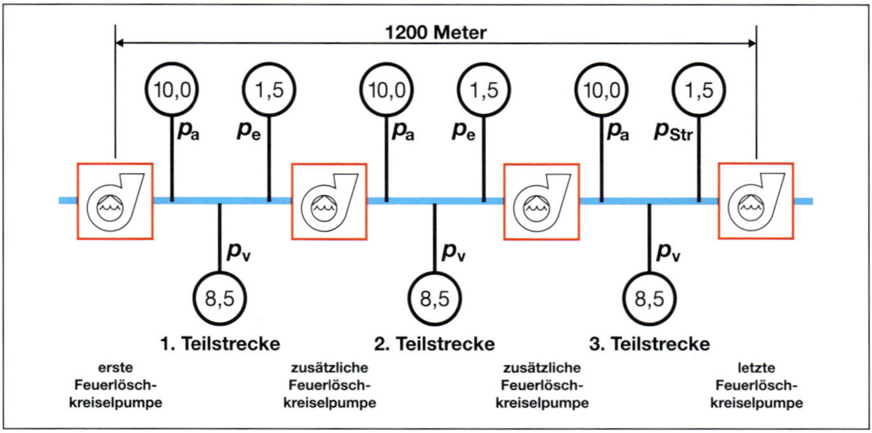

Abbildung 44: Schaltbild der Teilstrecke Feuerwehrpumpen

9.1.2 Abstände zwischen den Feuerlöschkreiselpumpen

Bei der Berechnung einer langen Förderstrecke müssen in einem Gelände ohne Höhenunterschiede neben den verfügbaren Drücken nur die Druckverluste durch Reibung in den Schlauchleitungen berücksichtigt werden. Dadurch ergeben sich zwischen den einzelnen Feuerlöschkreiselpumpen gleichgroße Teilstrecken. Gibt es im Verlauf der Förderstrecke jedoch Höhenunterschiede, verändern sich durch die Höhenzunahme oder -abnahme die Entfernungen zwischen den Feuerlöschkreiselpumpen. Deshalb müssen die Entfernungen für jede Teilstrecke einzeln berechnet werden. Zusätzlich zu den genannten Vorgaben gelten die folgenden Höhenunterschiede:

Höhenzunahme Teilstrecke 1	H_{geo} = 25 m
Höhenzunahme Teilstrecke 2	H_{geo} = 15 m
Höhenzunahme Teilstrecke 3	keine Höhenunterschiede

■ Berechnung der Teilstrecke 1

Verfügbarer Druck	p_v = 8,5 bar
Druckverlust durch Höhenzunahme	H_{geo} : 10 m × 1 bar = p_{geo}
	25 m : 10 m × 1 bar = 2,5 bar
Verbleibender Druck	$p_v - p_{geo} = p_{verbl.}$
	8,5 bar – 2,5 bar = 6 bar
Rechnerische Entfernung zwischen den Pumpen	$p_{verbl.} : p_R \times 100\ m = E$
	6,0 bar : 1,7 bar × 100 m : **353 m**
Anzahl der B-Druckschläuche	$n_{Schauch}$ = 17 (entspricht 340 m)

■ Berechnung der Teilstrecke 2

Verfügbarer Druck	p_v = 8,5 bar
Druckverlust durch Höhenzunahme	H_{geo} : 10 m × 1 bar = p_{geo}
	15 m : 10 m × 1 bar = 1,5 bar

Verbleibender Druck	$p_v - p_{geo} = p_{verbl.}$
	8,5 bar – 1,5 bar = 7 bar
Rechnerische Entfernung zwischen den Pumpen	$p_{verbl.} : p_R \times 100\ m = E$
	7,0 bar : 1,7 bar × 100 m : **412 m**
Anzahl der B-Druckschläuche	$n_{Schauch}$ = 20 (entspricht 400 m)

■ **Berechnung der Teilstrecke 3**

Verfügbarer Druck	p_v = 8,5 bar
Verbleibender Druck	$p_v = p_{verb.}$
	$p_{verbl.}$ = 8,5 bar
Rechnerische Entfernung zwischen den Pumpen	$p_{verbl.} : p_R \times 100\ m = E$
	8,5 bar : 1,7 bar × 100 m : **500 m**
Anzahl der B-Druckschläuche	$n_{Schauch}$ = 25 (entspricht 500 m)

9.2 Einsatz- und Objektpläne

Eine zeitnahe und genaue Berechnung der Löschwasserförderung über eine größere Entfernung ist unter Einsatzbedingungen eine durchaus schwierige Aufgabe. Da die örtlich zuständigen Feuerwehren üblicherweise die besonderen Objekte und Bereiche innerhalb ihres Einsatzgebietes kennen, für die im Einsatzfall eine Löschwasserförderung über mehrere in Reihe hintereinander geschaltete Feuerlöschkreiselpumpen aufgebaut werden muss, ist es sinnvoll, hierfür auf der Grundlage einsatztaktischer Überlegungen eine entsprechende Einsatzvorbereitung vorzunehmen und objektbezogene Einsatzpläne für die Löschwasserförderung zu erstellen.

Diese Einsatzpläne müssen

- die notwendigen Vorgaben für den Förderstrom enthalten,
- die entsprechenden örtlichen Verhältnisse beschreiben,

- die Löschwasserentnahmestelle und den vorgesehenen Streckenverlauf der Schlauchleitungen darstellen,
- die Aufstellungsorte der Feuerlöschkreiselpumpen bestimmen,
- den Bedarf an Pumpen, Schläuchen, Armaturen und sonstigen Geräten (einschließlich der erforderlichen Reserven) auflisten sowie
- die einzusetzenden Feuerwehreinheiten benennen.

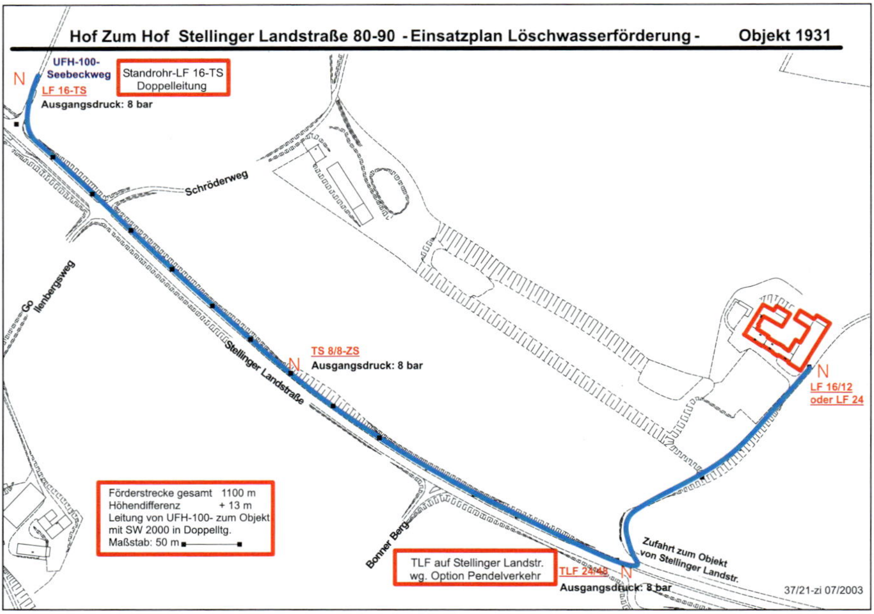

Abbildung 45: Einsatzplanausschnitt für die Löschwasserförderung zu einem landwirtschaftlichen Anwesen im Außenbereich (Grafik: Feuerwehr Düsseldorf; aus: de Vries et. al, Wasserförderung über lange Wegstrecke, Landsberg 2004)

Hinweis: Anhand der erstellten Einsatzpläne sind regelmäßige praktische Übungen erforderlich, um zum Beispiel die Berechnung der langen Förderstrecke zu überprüfen, den Zeitaufwand für den Aufbau der Förderstrecke zu ermitteln und das Betreiben der Förderstrecke zusammen mit den einzelnen Feuerwehreinheiten zu trainieren.

9.3 Aufbau und Betrieb einer langen Förderstrecke

Der Aufbau und Betrieb einer langen Förderstrecke für die Löschwasserförderung über eine größere Entfernung ist sehr personal-, material- und zeitaufwendig und stellt somit besondere Anforderungen an alle beteiligten Führungskräfte, Maschinisten und sonstige Einsatzkräfte (und wird deshalb wohl auch nicht so häufig geübt!).

Abbildung 46: Löschwasserentnahme aus einem Überflurhydranten – Verlegen der Schlauchleitungen mit einem Schlauchwagen SW 2000 KatS (Quelle: Michael Ehresmann, Feuerwehrforum Wiesbaden112.de)

Nachfolgend werden die verschiedenen Anforderungen, Aufgaben und Maßnahmen näher erläutert, die in Abhängigkeit von der Länge der Förderstrecke oder bestimmter örtlicher Gegebenheiten auch unterschiedlich umfangreich ausfallen können.

9.3.1 Personal und Führung

Für den Aufbau und den Betrieb einer langen Förderstrecke muss eine entsprechende Anzahl taktischer Einheiten bereitstehen, die gegebenenfalls durch den Einsatz bestimmter Sonderfahrzeuge unterstützt werden. Im Rahmen der insgesamt erforderlichen Einsatzmaßnahmen sollte ein eigener Abschnitt „Löschwasserförderung“ gebildet und eine geeignete Führungskraft als Abschnittsleiter eingeteilt werden.

9.3.2 Kommunikation

Im Zuge der Abschnittsbildung ist ein eigener Funkkanal oder eine Funkgruppe für die Löschwasserförderung einzurichten. Zusätzlich zu den Einheitsführern müssen vor allem die Maschinisten mit Handsprechfunkgeräten für den Einsatzstellenfunk ausgerüstet werden, damit sie sich untereinander abstimmen können und rechtzeitig die erforderlichen Informationen über Änderungen oder Störungen der Löschwasserförderung (Ausfall einer Pumpe, geplatzter Schlauch, Schließen von Strahlrohren, ...) erhalten. Darüber hinaus können zusätzlich auch Melder zur weiteren Nachrichtenübermittlung entlang der Förderstrecke eingesetzt werden.

9.3.3 Pumpen und Fahrzeuge

Für die Entnahme und Fortleitung von Löschwasser können als erste Pumpe und als weitere Pumpen sowohl Löschfahrzeuge mit Fahrzeugeinbaupumpen als auch Tragkraftspritzen verwendet werden. Bei der festen Einbindung von Löschfahrzeugen in eine lange Förderstrecke muss aber beachtet werden, dass dadurch mehrere Einsatzkräfte und die Ausrüstung der Fahrzeuge gebunden sind, die dann an der eigentlichen Einsatzstelle unter Umständen fehlen. Als letzte Pumpe der Förderstrecke sollte an der Einsatzstelle jedoch möglichst immer ein Löschfahrzeug mit entsprechender Mannschaft und umfangreicher Ausrüstung (Löschgruppenfahrzeug, ...) eingesetzt werden.

Vor allen sollten keine Tanklöschfahrzeuge beziehungsweise Löschfahrzeuge mit einem Löschwasserbehälter mit mehr als 1000 Liter Inhalt fest in eine lange Förderstrecke eingebunden werden, da diese Fahrzeuge auch als „mobile Einsatzreserve“ verwendet werden können.

9.3.4 Reserven

Im Verlauf einer langen Förderstrecke muss eine bestimmte Anzahl von Schläuchen und Pumpen als Reserve bereitgehalten werden. Dazu sollten zum Beispiel an jeder Pumpe zwei B-Druckschläuche bereitliegen oder je 100 Meter Schlauchleitung ein B-Druckschlauch.

Um beim Ausfall einer Feuerlöschkreiselpumpe schnell reagieren zu können, sind Reservepumpen (Fahrzeugeinbaupumpen von Löschfahrzeugen oder mitgeführte Tragkraftspritzen) bereitzuhalten, zum Beispiel je drei eingesetzter Feuerlöschkreiselpumpen eine Reservepumpe. Für den fortlaufenden Betrieb der insgesamt eingesetzten Pumpen muss außerdem eine ausreichende Menge Reserve-Kraftstoff bereitstehen.

9.3.5 Löschwasserentnahme

Bei einer Löschwasserentnahme im Saugbetrieb sind die Löschfahrzeuge beziehungsweise Tragkraftspritzen möglichst nah und möglichst waagerecht an der Löschwasserentnahmestelle aufzustellen. Dabei ist eine geringe geodätische Saughöhe anzustreben. Die Saugleitung ist ohne starke Krümmung (Verhindern der „Luftsackbildung"), bei sauberem Wasser in fließenden Gewässern gegen die Fließrichtung und bei verschmutztem Wasser mit der Fließrichtung zu verlegen. Der Saugkorb muss tief genug unter die Wasseroberfläche eingetaucht (mindestens 30 Zentimeter), wegen der Gefahr der Verstopfung jedoch nicht bis zum Grund des Gewässers abgesenkt werden.

Hinweis: Wenn an der vorgesehenen Löschwasserentnahmestelle ein großer Abstand zwischen der Wasseroberfläche und dem Stellplatz der Pumpe besteht, muss eine entsprechend leistungsfähige Feuerlöschkreiselpumpe (FPN 10-2000, FP 16/8, ...) eingesetzt werden, da mit zunehmender geodätischer Saughöhe die Leistung der Feuerlöschkreiselpumpen deutlich abfällt *(siehe hierzu Tabelle 4)*.

Für die Löschwasserentnahme aus Hydranten sollten möglichst (leistungsfähige) Überflurhydranten ausgewählt werden. Als Trinkwasserschutz müssen Systemtrenner in die zur Feuerlöschkreiselpumpe führenden Schlauchleitungen eingekuppelt werden. Die Schlauchleitungen sind mit einem angekuppelten Sammelstück am A-Sauganschluss der Feuerlöschkreiselpumpe anzuschließen. Der Eingangsdruck an der Feuerlöschkreiselpumpe sollte mindestens 1,5 Bar betragen.

9.3.6 Verlegen der Schlauchleitungen

Durch die verantwortliche Führungskraft wird zunächst festgelegt, ob eine einfache oder eine doppelte Schlauchleitung verlegt wird. Schlauchleitungen sind grundsätzlich am Rand von Verkehrswegen und dabei möglichst gestreckt und gradlinig zu verlegen, damit der übrige Straßenverkehr nicht behindert und auch die Zufahrt zur Einsatzstelle nicht blockiert wird. Für den zügigen Aufbau einer langen Förderstrecke sollten die Schläuche gleichzeitig von der Löschwasserentnahmestelle in Richtung Einsatzstelle und von der Einsatzstelle in Richtung Löschwasserstelle verlegt werden, bei größeren Höhenunterschieden von oben nach unten.

Abbildung 47: Schlauchleitungen möglichst am Straßenrand und möglichst gradlinig verlegen! (Quelle: Michael Ehresmann, Feuerwehrforum Wiesbaden112.de)

Für das zügige Verlegen von Schlauchleitungen über größere Entfernungen sind möglichst Schlauchwagen SW 2000 KatS (oder vergleichbare Schlauchwagen), Gerätewagen Logistik GW-L2 mit Ausrüstungssatz „Wasserversorgung“ oder Wechselladerfahrzeuge WLF mit Abrollbehälter AB-Schlauch zu verwenden. Die zu verlegenden B-Druckschläuche sind auf diesen Fahrzeugen zusammengekuppelt in Buchten gelagert und ziehen sich bei langsamer Fahrt (zügige Schrittgeschwindigkeit!) selbst aus dem Fahrzeug. Dabei können sowohl einfache als auch doppelte (oder mehrfache) Schlauchleitungen verlegt werden.

Abbildung 48:
Verlegen einer doppelten Schlauchleitung mit einem Schlauchwagen SW 2000 KatS (Quelle: Michael Ehresmann, Feuerwehrforum Wiesbaden112.de)

Beim Verlegen von Schlauchleitungen sollten Straßenquerungen möglichst vermieden werden. Lässt sich dies nicht vermeiden, müssen Schlauchbrücken *(siehe Abbildung 33)*, Rohr-Schlauchüberführungen *(siehe Abbildung 38)* oder behelfsmäßige Schlauchüberführungen aus Steckleitern und/oder Multifunktionsleitern verwendet werden. Schlauchbrücken müssen so ausgelegt werden, dass Kraftfahrzeuge mit verschiedenen Spurweiten (Pkw/Lkw) die Schlauchleitungen sicher überfahren können. Auf einer Seite sind zwei Schlauchbrücken unmittelbar nebeneinander und im Abstand von etwa einem Meter eine dritte Schlauchbrücke auszulegen.

Bei der Überquerung von Schienenwegen sind die Schläuche zwischen zwei Schwellen im Schotterbett unterhalb der Schienen zu verlegen. Achtung! Sicherheitsregeln im Bereich des Gleiskörpers beachten!

9.3.7 Inbetriebnahme der Förderstrecke

Die ankommenden und abgehenden Schlauchleitungen sind an der ersten Feuerlöschkreiselpumpe anzuschließen und die Pumpe ist durch den Maschinisten in Betrieb zu nehmen.

Wenn Wasser in diese Feuerlöschkreiselpumpe einströmt, ist die Absperreinrichtung (B-Druckventil) langsam zu öffnen und die abgehende Schlauchleitung (oder Schlauchleitungen) der folgenden Teilstrecke mit einem Druck von etwa 3 Bar langsam zu befüllen. Die nachfolgenden Feuerlöschkreiselpumpen sind in Betrieb zu nehmen und zunächst ausgekuppelt mit Leerlaufdrehzahl zu betreiben. Die an den Feuerlöschkreiselpumpen ankommenden Schlauchleitungen sind mit einem Sammelstück an den A-Sauganschlüssen und die weiter abgehenden Schlauchleitungen an den Absperreinrichtungen (B-Druckventile) anzuschließen. Wenn das ankommende Wasser in die nachfolgenden Feuerlöschkreiselpumpen einströmt, sind diese einzukuppeln und die abgehenden Schlauchleitungen der nachfolgenden Teilstrecken ebenfalls mit einem Druck von etwa 3 Bar langsam zu befüllen. Der Ausgangsdruck an den Feuerlöschkreiselpumpen wird auf Weisung (wenn die Löschtätigkeit aufgenommen wird) langsam auf den vorgegebenen Wert erhöht. Dabei ist ein ruckartiges „Gas geben“ zu vermeiden.

9.3.8 Betrieb der Förderstrecke

Während der laufenden Löschwasserförderung ist durch die Maschinisten die bestimmungsgemäße Bedienung der Feuerlöschkreiselpumpen sicherzustellen. Dazu müssen sie insbesondere auf die Anzeigen der Eingangs- und Ausgangsdruckmessgeräte an ihren Pumpen achten und die Drehzahl der Pumpen bei Bedarf nachregeln.

9.3.9 Druckbegrenzungsventile

Bei einer Löschwasserförderung über eine lange Förderstrecke sollte (sofern vorhanden!) am Ende jeder Teilstrecke beziehungsweise bei einer großen Höhenzunahme zu Beginn einer Teilstrecke ein Druckbegrenzungsventil mit angeschlossenem Abgangsschlauch und zusammen mit einem Verteiler in die Schlauchleitung eingekuppelt werden. Das Druckbegrenzungsventil – eingestellt auf etwa 2,0 Bar – soll den Eingangsdruck an der nachfolgenden Feuerlöschkreiselpumpe begrenzen, damit im weiteren Verlauf der Löschwasserförderung eine Überbeanspruchung der Schlauchleitungen durch zu hohe Drücke verhindert wird.

Hinweis: Druckbegrenzungsventile werden nur noch auf Löschgruppenfahrzeugen LF 20 KatS (3 Stück) und auf Schlauchwagen SW 2000 KatS (2 Stück) als Standardbeladung mitgeführt.

Der am Druckbegrenzungsventil angekuppelte Verteiler kann zum vorübergehenden Entlüften beim Befüllen der Schlauchleitung, als Absperreinrichtung bei einem notwendigen Wechsel einer ausgefallenen Pumpe oder eines beschädigten Schlauches sowie zum Entleeren der Schlauchleitungen beim Abbau der Förderstrecke verwendet werden.

9.3.10 Druckstöße

Jede schlagartige Veränderung des Förderstroms, zum Beispiel das schnelle Schließen von Strahlrohren, Verteilern mit Kugelhähnen oder anderen Absperreinrichtungen, der Ausfall oder das eigenmächtige Abschalten einer Feuerlöschkreiselpumpe, das Knicken einzelner Schläuche sowie die kurzzeitige Unterbrechung des Förderstroms beim Überfahren von Schlauchleitungen, führt zu mehr oder weniger heftigen Druckstößen in der Förderstrecke. Diese Druckstöße können zu mechanischen Schäden an Armaturen (Beschädigung von B-Druckventilen, ...) oder Schläuchen (Platzen von Schläuchen, Abriss von Kupplungen, ...) führen und so die Löschwasserförderung zum Erliegen bringen. Um einen unzulässigen Druckanstieg in den Schlauchleitungen zu verhindern und Druckstöße zu vermeiden, sind Absperreinrichtungen grundsätzlich langsam zu betätigen, Druckbegrenzungsventile und Sammelstücke mit Vakuumbrecher einzusetzen, Knicke in Schläuchen zu beseitigen und Schlauchbrücken für das Überfahren der Schlauchleitungen auszulegen.

9.3.11 Sicherung der Förderstrecke

Werden im Verlauf einer langen Förderstrecke bestimmte Einsatzfahrzeuge im Verkehrsraum auf Straßen oder Wegen aufgestellt, sind diese durch Einschalten der Warnblinkanlage, des Fahrlichtes und der blauen Kennleuchten und gegebenenfalls durch zusätzliche Verkehrsleitkegel abzusichern.

Aufgestellte Tragkraftspritzen, verlegte Schlauchleitungen, Schlauchbrücken oder Rohr-Schlauchüberführungen *(siehe Abbildung 38)* sind durch Warndreiecke, Verkehrsleitkegel, Warnleuchten, Absperrband und/oder sonstige Warngeräte ausreichend abzusichern. Soweit erforderlich, sind auch Einsatzkräfte mit Warnkleidung als Sicherungsposten einzuteilen.

Abbildung 49:
Absichern von Schlauchleitungen und Schlauchbrücken mit Verkehrsleitkegeln und Warnleuchten (Quelle: Michael Ehresmann, Feuerwehrforum Wiesbaden112.de)

Sicherungsposten sind insbesondere an Schlauchbrücken erforderlich, da das Überfahren von Schlauchbrücken nicht ganz unproblematisch ist. Die jeweiligen Verkehrsteilnehmer, vor allem mit Kraftfahrzeugen mit geringer Bodenfreiheit oder motorisierte Zweiräder, sind aufzufordern, die Schlauchbrücken vorsichtig und nur mit Schrittgeschwindigkeit zu überfahren. Zur Sicherung der Förderstrecke gehört auch eine regelmäßige Kontrolle entlang der verlegten Schlauchleitungen (Schlauchaufsicht). Für jede Teilstrecke sollte dazu mindestens eine Einsatzkraft oder ein Trupp, jeweils mit einem Handsprechfunkgerät, eingeteilt werden.

9.3.12 Störungen

Störungen im Verlauf der Löschwasserförderung entstehen vor allem durch Änderungen des Förderstroms, die unmittelbare Auswirkungen auf den Eingangs- und Ausgangsdruck der Feuerlöschkreiselpumpen innerhalb der Förderstrecke haben, durch schadhafte oder geplatzte Druckschläuche oder durch den Ausfall einer Feuerlöschkreiselpumpe. Der jeweils verantwortliche Einheitsführer ist über Störungen unverzüglich zu informieren.

Werden während der Löschwasserförderung zum Beispiel an der Einsatzstelle einzelne Strahlrohre geschlossen, verringert sich der Förderstrom und der Druckverlust durch Reibungen in den Schlauchleitungen nimmt ab. Bei gleichbleibenden Förderdrücken (gleichbleibende Drehzahl der Pumpen) nimmt der Eingangs- und Ausgangsdruck an den Pumpen zu. Ein Nachregeln der Drehzahl und somit der Förderdrücke durch die Maschinisten wird dann erforderlich. Werden dagegen an Mehrzweckstrahlrohren die Mundstücke abgenommen, an Hohlstrahlrohren eine größere Durchflussmenge eingestellt oder ein C-Rohr durch ein B-Rohr ersetzt, erhöht sich der Förderstrom und der Druckverlust durch Reibung in den Schlauchleitungen nimmt (erheblich) zu. Bei gleichbleibenden Förderdrücken (gleichbleibende Drehzahl der Pumpen) fällt der Eingangs- und Ausgangsdruck an den Pumpen ab. Ein Nachregeln der Drehzahl und somit der Förderdrücke durch die Maschinisten wird dann ebenfalls erforderlich.

Beim Ausfall einer Feuerlöschkreiselpumpe oder beim Platzen eines Schlauches sind die übrigen Pumpen im Verlauf der Förderstrecke sofort auszukuppeln und die Motoren gegebenenfalls auszustellen. Beim Auswechseln einer Feuerlöschkreiselpumpe oder beim Austauschen eines beschädigten Schlauches sind die Verteiler oder Absperreinrichtungen vor und hinter der betroffenen Teilstrecke zu schließen, um ein Leerlaufen der gesamten Förderstrecke zu verhindern.

9.3.13 Abbau der Förderstrecke

Nach dem Befehl „Wasser halt!" und dem Beenden der Löschtätigkeiten wird der Ausgangsdruck an allen Feuerlöschkreiselpumpen langsam zurückgenommen. Die Feuerlöschkreiselpumpen sind auszukuppeln, die Absperreinrichtungen (B-Druckventile) zu schließen und die Motoren noch kurze Zeit im Leerlauf zu betreiben. Nach dem Befehl „Zum Abmarsch fertig!" werden die Schlauchleitungen entwässert. Dazu werden die Absperreinrichtungen (B-Druckventile) an allen Feuerlöschkreiselpumpen vollständig geöffnet und die Schlauchleitungen über freie B-Druckanschlüsse der Feuerlöschkreiselpumpen, in den Schlauchleitungen eingekuppelte Verteiler oder über die Druckbegrenzungsventile entleert.

9.4 Selbstkontrolle und Testfragen

(Lösungen siehe Seite 104)

1. Was ist das Ziel der Berechnungen von langen Förderstrecken?

a) Ermittlung der Anzahl der erforderlichen Feuerlöschkreiselpumpen.
b) Ermittlung der Anzahl der erforderlichen Einsatzkräfte.
c) Ermittlung der Abstände zwischen den Feuerlöschkreiselpumpen.
d) Ermittlung der Kosten für den Aufbau der Förderstrecke.

2. Welche Angaben sollte ein Einsatzplan für die Löschwasserförderung über eine lange Förderstrecke enthalten?

a) Den vorgesehenen Förderstrom.
b) Die Löschwasserentnahmestelle.
c) Den vorgesehenen Streckenverlauf.
d) Die Aufstellungsorte der Feuerlöschkreiselpumpen.
e) Die einzusetzenden Feuerwehreinheiten.

3. Welche Regeln sind beim Verlegen von Schläuchen zu beachten?

a) Die Schläuche möglichst gestreckt und gradlinig verlegen.
b) Die Schläuche immer von vorn nach hinten verlegen.
c) Die Schläuche am Rand von Verkehrswegen verlegen.
d) Die Schläuche nur im Gelände verlegen.

4. Wie können Druckstöße in Schlauchleitungen vermieden werden?

a) Die Feuerlöschkreiselpumpen nur mit niedrigem Eingangs- und Ausgangsdruck betreiben.
b) Die Feuerlöschkreiselpumpen nur mit hohem Eingangs- und Ausgangsdruck betreiben.
c) Die Absperreinrichtungen von Feuerlöschkreiselpumpen und Armaturen grundsätzlich langsam betätigen.
d) Schlauchbrücken für das Überfahren der Schlauchleitungen auslegen.

10 Wasserfördersystem HFS

Das Wasserfördersystem HFS (Hytrans Fire System) ist ein leistungsfähiges Fördersystem, mit dem große Wassermengen aus offenen Gewässern entnommen und über größere Entfernungen gefördert werden können. Das Fördersystem besteht aus einer Pumpeneinheit und einer Schlaucheinheit, die zusammen auf einem Kombi-Abrollbehälter untergebracht sind. Wasserfördersysteme HFS werden in Deutschland von bestimmten Berufs- und Werkfeuerwehren sowie in verschiedenen Landkreisen (für den überörtlichen Einsatz) vorgehalten.

Abbildung 50: Druckschläuche der Nenngröße F – zur Förderung sehr großer Wassermengen (Quelle: Fabian Klein, Feuerwehrforum Wiesbaden112.de)

Die Pumpeneinheit besteht aus einem von einem Dieselmotor angetriebenen Hydraulikaggregat, mit dem über zwei parallel verlegte 60 Meter lange Hydraulikschläuche (Vorlauf / Rücklauf) eine schwimmfähige Tauchpumpe abgesetzt von der Pumpeneinheit angetrieben wird. Die Tauchpumpe ist üblicherweise für einen Nennförderstrom von bis zu 3500 Liter pro Minute und einen Nennförderdruck von 11 Bar ausgelegt und hat eine gleichbleibende Förderleistung bis zu einer geodätischen Förderhöhe von 15 Meter. Förderhöhen von mehr als 15 Meter sind möglich, dies jedoch mit eingeschränkter Förderleistung.

Die Schlaucheinheit besteht aus einem Schlauchbehälter für die mitgeführten 2000 Meter Druckschlauch der Größe F (Nennweite 152 Millimeter), aus dem die Druckschläuche während der Fahrt mit einer Geschwindigkeit von bis zu 40 Kilometer pro Stunde verlegt werden können. Zur Schlaucheinheit gehört eine festangebaute und von der Fahrzeughydraulik angetriebene Schlauchaufnahmevorrichtung, mit der nach Beendigung der Wasserförderung die verlegten Schläuche wieder angehoben, entleert und automatisch in Buchten in den Schlauchbehälter eingelegt werden.

Abbildung 51: Aufnahme der verlegten Druckschläuche und Einlegen in den Schlauchbehälter (Quelle: Fabian Klein, Feuerwehrforum Wiesbaden112.de)

Im Einsatz wird der Kombi-Abrollbehälter zunächst vom Wechselladerfahrzeug abgesetzt, die Pumpeneinheit vom Abrollbehälter entnommen und in Stellung gebracht. Danach wird der Abrollbehälter wieder vom Wechselladerfahrzeug aufgenommen und die bereits zusammengekuppelten Druckschläuche vom fahrenden Fahrzeug aus verlegt. Von der Pumpeneinheit wird die in einem Transportgestell gelagerte Tauchpumpe entnommen, mit den Hydraulikschläuchen und der F-Schlauchleitung verbunden, zu Wasser gebracht und über das Hydraulikaggregat in Betrieb gesetzt und angetrieben. Über spezielle Armaturen (Verteiler, Abzweigstücke, Übergangsstücke, ...) kann das geförderte Löschwasser dann zu den eingesetzten Feuerwehreinheiten gefördert werden.

11 Löschwasserförderung im Pendelverkehr

Eine weitere Möglichkeit der Löschwasserförderung über eine größere Entfernung ist die Einrichtung eines Pendelverkehrs. Dabei wird das Löschwasser im stetigen Wechsel mit mehreren Löschfahrzeugen von einer Löschwasserentnahmestelle bis zu einer Abgabestelle transportiert.

Eine Löschwasserförderung im Pendelverkehr wird angewendet, wenn eine große Entfernung zwischen einer Löschwasserentnahmestelle und einer Abgabestelle besteht, eine geeignete Fahrstrecke (Verkehrsverhältnisse, Breite, Untergrund, ...) mit geeigneten Zu- und Abfahrten zur Entnahme- und Abgabestelle benutzt werden kann, nur eine geringe Menge Löschwasser (weniger 1000 Liter pro Minute) an der Einsatzstelle benötigt wird, nur eine kurze Nutzungszeit der Löschwasserförderung erforderlich ist und wenn die erforderlichen Löschfahrzeuge (Tanklöschfahrzeuge, Löschgruppenfahrzeuge LF 20 oder vergleichbare Löschfahrzeuge) bereitgestellt werden können.

Eine Löschwasserförderung im Pendelverkehr lässt sich unterschiedlich durchführen.

■ Wasserabgabe an der Brandstelle:

- Die Löschfahrzeuge nehmen Löschwasser an einer Wasserentnahmestelle auf und fahren mit gefülltem Löschwasserbehälter zur Brandstelle.
- Das Löschwasser wird dort über eigene Strahlrohre oder einen eigenen Werfer abgegeben.
- Die Löschfahrzeuge fahren anschließend mit geleertem Löschwasserbehälter zurück zur Wasserentnahmestelle, um dort erneut Löschwasser aufzunehmen.

■ Wasserübergabe an der Brandstelle:

- Die Löschfahrzeuge nehmen Löschwasser an einer Wasserentnahmestelle auf und fahren mit gefülltem Löschwasserbehälter zur Brandstelle.

- Das Löschwasser wird dort an das eingesetzte Löschfahrzeug übergeben, welches das Löschwasser für die Brandbekämpfungsmaßnahmen verwendet.
- Die Löschfahrzeuge fahren anschließend mit geleertem Löschwasserbehälter zurück zur Wasserentnahmestelle, um dort erneut Löschwasser aufzunehmen.

■ **Wasserübergabe in bereitgestellte Behälter:**

- Die Löschfahrzeuge nehmen Löschwasser an einer Wasserentnahmestelle auf und fahren mit gefülltem Löschwasserbehälter zur Abgabestelle.
- Das Löschwasser wird dort in einen bereitgestellten transportablen Löschwasserbehälter gefüllt, zum Beispiel in einen faltbaren Löschwasserbehälter mit 5000 Liter Inhalt oder einen Abrollbehältertank.
- Die Löschfahrzeuge fahren anschließend mit geleertem Löschwasserbehälter zurück zur Wasserentnahmestelle, um dort erneut Löschwasser aufzunehmen.
- Über ein weiteres Löschfahrzeug oder eine Tragkraftspritze wird das Löschwasser aus dem transportablen Löschwasserbehälter entnommen und zur Brandbekämpfung eingesetzt („Einfacher Pendelverkehr“).

  Oder

- über ein weiteres Löschfahrzeug oder eine Tragkraftspritze wird das Löschwasser aus dem transportablen Löschwasserbehälter entnommen und in die Löschwasserbehälter weiterer Löschwasserfahrzeuge eingespeist, die wiederum zwischen dieser Entnahmestelle und der eigentlichen Brandstelle pendeln („Doppelter Pendelverkehr“). Diese Löschfahrzeuge können das Löschwasser dann gezielt an verschiedene Stellen abgeben, zum Beispiel zur Bekämpfung von Vegetationsbränden.

12 Löschwasseranlagen

Innerhalb von Gebäuden oder baulichen Anlagen können in Abhängigkeit von der Nutzung oder der Höhe ortsfeste Löschwasseranlagen (frühere Bezeichnung „Steigleitungen“) eingebaut sein, die aus fest verlegten Rohrleitungen mit Schlauchanschlusseinrichtungen an den Entnahmestellen bestehen. Das Löschwasser wird aus vorhandenen Trinkwasser-Installationen entnommen oder im Bedarfsfall durch die Feuerwehr eingespeist.

- **Löschwasseranlagen „nass“** bestehen aus Rohrleitungen mit Anschluss an die Trinkwasser-Installation, die ständig mit Wasser gefüllt sind und unter Druck stehen, und angeschlossenen Wandhydranten, die je nach Ausführung durch ungeübte und/oder unterwiesene Personen und durch die Feuerwehr für die Brandbekämpfung eingesetzt werden können.
- **Löschwasseranlagen „nass/trocken“** bestehen aus Rohrleitungen mit Anschluss an die Trinkwasser-Installation, die nicht ständig mit Wasser gefüllt sind, und angeschlossenen Wandhydranten. Im Einsatzfall werden diese Löschwasseranlagen über das Betätigungsventil im Wandhydrant und eine damit verbundene Fernauslösung mit Wasser gefüllt und unter Druck gesetzt. Sie können dann wie die Löschwasseranlagen „nass“ eingesetzt werden.
- **Löschwasseranlagen „trocken“** sind ausschließlich für Einsatzmaßnahmen der Feuerwehr vorgesehen. Sie bestehen aus Rohrleitungen, die erst im Brandfall durch die angerückte Feuerwehr über ein Löschfahrzeug gefüllt und unter Druck gesetzt werden. Hierzu befinden sich außerhalb der Gebäude, meist in der Nähe der Gebäudeeingänge, entsprechende Einspeiseeinrichtungen. Für die Entnahme von Löschwasser sind dann absperrbare Entnahmeeinrichtungen – üblicherweise in jedem Geschoss der Gebäude – zum Anschluss der von den vorgehenden Trupps der Feuerwehr mitgeführten Druckschläuche und Strahlrohre vorgesehen.

Der zum Einspeisen in eine Löschwasseranlage „trocken“ erforderliche Ausgangsdruck der Feuerlöschkreiselpumpe des Löschfahrzeuges ergibt sich aus dem für die Brandbekämpfung in einem Obergeschoss erforderlichen Druck am Strahlrohr, dem Druck zur Überwindung des Höhenunterschiedes zwischen der Aufstellfläche des Löschfahrzeuges und der Entnahmestelle in dem betroffenen Obergeschoss und gegebenenfalls aus dem Druckverlust durch Reibung innerhalb der Druckleitung (Druckschläuche und Rohrleitung).

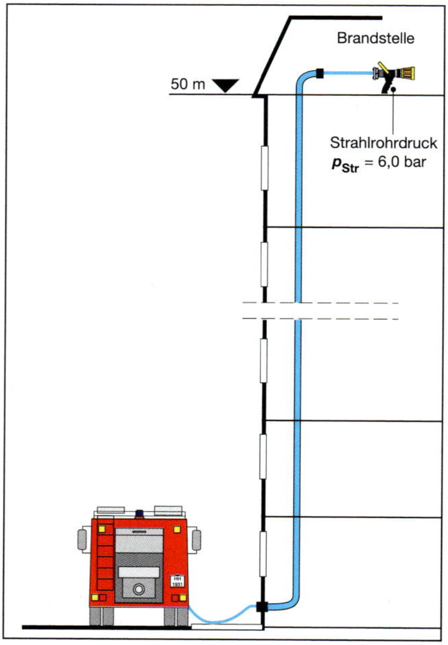

Abbildung 52:
Einspeisung in eine Löschwasseranlage „trocken" (Quelle: basierend auf Originalgrafik von Freynik/de Vries; aus de Vries et al., Wasserförderung über lange Wegstrecke, Landsberg 2014)

Dazu das folgende Beispiel:

Abstand Pumpe – Einspeisung	$E = 10$ m
Hohlstrahlrohr C	$Q = 235$ L/min
Höhenzunahme Pumpe – Obergeschoss	$H_{geo} = 50$ m $\rightarrow p_{geo} = 5$ bar
Druckverlust durch Reibung	$p_R = 0{,}5$ bar (vereinfacht!)
Ausgangsdruck (p_a)	$p_{Str} + p_{geo} + p_R = p_a$
	6 bar + 5 bar + 0,5 bar = **11,5 bar**

13 Literatur und Quellenverzeichnis

DIN 14011 „Feuerwehrwesen – Begriffe“, Ausgabe Januar 2018, Beuth Verlag GmbH, Berlin

DE VRIES, H. et al.: Einsatzpraxis – Wasserförderung über lange Wegstrecke, 1. Auflage 2004, ecomed-Verlag, Landsberg

DUBIG, M.: „Handbuch für Maschinisten“, 5. Auflage 2016, Wenzel-Verlag, Marburg

FAULSTICH, S., HELPENSTEIN, J., JOLLET, E.: „Die Auswirkungen des Wasserdruckes, Handbuch für Führungskräfte und Maschinisten der Feuerwehr“, Weiss-Druck, 2. Auflage 2014

SCHOTT, L., RITTER, M.: „Aktuelles Grundwissen für den Dienst in der Feuerwehr“, Ausgabe: 2016, Wenzel-Verlag, Marburg

ZAWADKE, TH.: Die Roten Hefte / Ausbildung kompakt 217 „Wasserversorgung“, 2., erweiterte und aktualisierte Auflage 2021, W. Kohlhammer GmbH, Stuttgart

Lehrunterlage „Löschwasserförderung“, Ausgabe Januar 2008, Berliner Feuerwehr, Serviceeinheit Aus- und Fortbildung – Lehrgruppe Maschinisten-Ausbildung

Lehrunterlage verschiedener Feuerwehrschulen

Notizen

Lösungen zu Kapitel 3.3:
1. b) und d); 2. a) und c); 3. a) und c); 4. a), b) und c)

Lösungen zu Kapitel 4.8:
1. a), c), e) und f); 2. a), b) und c); 3. a), d) und e); 4. c); 5. a), b) und c); 6. b); 7. b); 8. a)

Lösungen zu Kapitel 6.4:
1. a), b) und c); 2. a), b) und c); 3. a); 4. b), c) und e)

Lösungen zu Kapitel 7.10:
1. b); 2. b), c) und d); 3. a), b) und c); 4. a), b) und d)

Lösungen zu Kapitel 9.4:
1. a) und c.); 2. a) bis e); 3. a) und c); 4. c) und d)